FESTIGKEITSLEHRE

AUF GRUND DER ANSCHAUUNG

FÜR DEN SCHUL- UND SELBSTUNTERRICHT

DARGESTELLT VON

E. SCHNACK

GEWERBEOBERLEHRER IN KIEL

INGENIEUR VDI

MIT 238 ABBILDUNGEN

78 GELÖSTEN UND 100 UNGELÖSTEN AUFGABEN

1928

Springer Fachmedien Wiesbaden GmbH

BEST.-NR. 9253

ISBN 978-3-663-15428-0 ISBN 978-3-663-15999-5 (eBook)
DOI 10.1007/978-3-663-15999-5

Ursprünglich erschienen bei B. G. Teubner in Leipzig

Vorwort

Das Buch will einem Unterricht dienen, der nur eine einfache Schulbildung voraussetzt und deshalb überall vom Gegenständlichen ausgehen und sich in besonders hohem Maße auf die Anschauung stützen muß. In den Mittelpunkt der Darstellung ist demnach die Abbildung gestellt, und es ist besondere Sorgfalt darauf verwendet worden, sie möglichst lebensvoll zu gestalten, damit sie weitgehend „ihre eigene Sprache redet“, die Abmessungen der Tragwerke, Art und Größe ihrer Belastung, sowie die inneren Kräfte eindringlich zur Anschauung bringt. Das so fruchtbare funktionale Denken wird überall gepflegt, z. B. bei der Behandlung der „einbeschriebenen Walze“, die zum Vergleich der Widerstandsmomente verschieden großer Querschnitte besonders wirksam ist.

So wird in Verbindung mit der möglichst einfach und klar gehaltenen Darstellungsweise ein wirkliches Verständnis aller Vorgänge und Beziehungen erzielt. Die grundlegenden Tatsachen und Gesetze werden nur mit Hilfe der elementaren Buchstabenrechnung auf dem Wege der „Selbsterarbeitung“ gewonnen, der ja heute auch im Schulunterricht anzustreben ist. Zur Übung in der praktischen Anwendung der Festigkeitslehre bietet die beigegebene Sammlung von Aufgaben reichlich Gelegenheit. Diese selbständig zu lösen, ist von so großem Gewinn, weil man aus selbst begangenen Fehlern am meisten lernt.

Somit hoffe ich, daß das nach langer Vorbereitung der Öffentlichkeit übergegebene Buch sich insbesondere für den Gebrauch an gewerblich-technischen Schulen geeignet erweist. Mit seiner Hilfe wird sich aber auch der Anfänger die ihm erwünschten Kenntnisse selbst aneignen können, und Weiterstrebende werden wesentlich leichter und tiefer als sonst in die schwierigeren und umfassenderen Werke eindringen.

Kiel, im August 1928.

E. Schnack.

Inhalt

Berichtigungen

Seite	46	Zeile	4	von oben	lies Abb. 84	statt Abb. 83.
„	46	„	5	„ „	„ „ 83	„ „ 84.
„	46	„	6	„ „	„ „ 84	„ „ 83.
„	120	„	14	„ unten	„ 6500 kg/cm²	„ 6600 kg/cm².
„	121	„	2	„ „	„ 186 „	„ 191,5 „
„	122	„	8	„ oben	„ 15,8°	„ 158°
„	125	„	1	„ „	„ Abb. 127	„ Abb. 128.
„	125	„	16	„ „	„ 86,5 kg/cm²	„ 865 kg/cm².
„	125	„	22	„ „	„ 610,8 „	„ 570 „
„	126	„	22	„ „	„ 256 „	„ 305 „.

I. Zug.

1. Die Zugspannung.

Sägt man einen Stab senkrecht zu seiner Längsachse durch, so entsteht die *kleinste* Schnittfläche. Diese wird *Querschnitt* genannt.

Die Stangen in Abb. 2 sind aus demselben Werkstoff. Abb. 1 zeigt ihre Querschnitte in natürlicher Größe. Sie sind quadratisch. Im rechten Querschnitt zählen wir 9 cm², im linken 6,25 cm². *Wieviel kg trägt **1** cm²?*

Linke Stange:	Rechte Stange:
6,25 cm² tragen 1250 kg	9 cm² tragen 2070 kg
1 cm² trägt $\frac{1250}{6,25} = 200$ kg	**1** cm² trägt $\frac{2070}{9} = 230$ kg

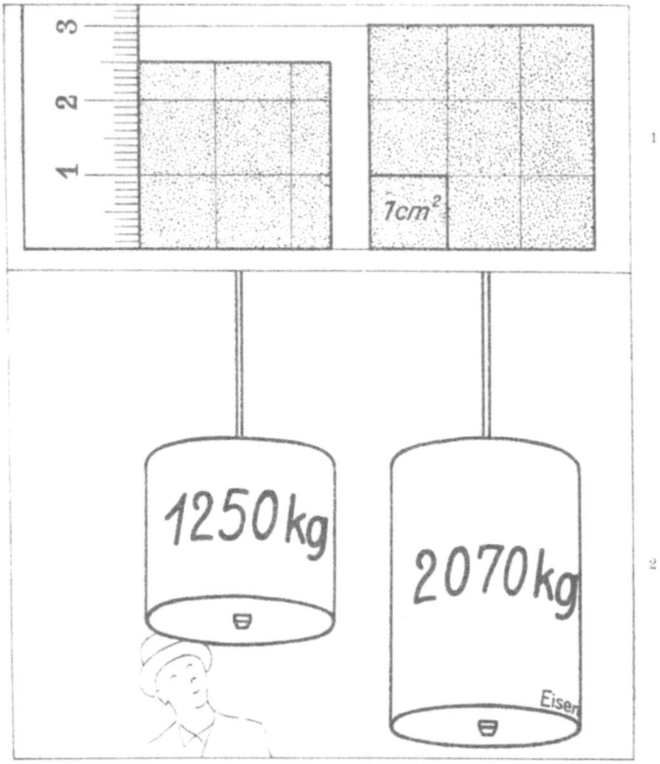

Abb. 1 und 2.

Welche Stange ist also am gefährdetsten? Die rechte Stange! Diese ist um 30 kg auf 1 cm² strammer als die linke.

Statt 230 kg auf 1 cm² schreibe 230 kg/cm² und lies „230 kg je Quadratzentimeter". Ein solcher Betrag heißt *Zugspannung*.

Diese wird mit σ abgekürzt. Ferner bezeichnet man die Last in kg mit P, den Flächeninhalt des Querschnittes in cm² mit F. Dann gilt allgemein

$$(1) \qquad \sigma = \frac{P}{F}.$$

Aufg. 1. Ein Flacheisen ist 4 cm breit und 2 cm

dick. Es trägt eine Last von 5600 kg. Berechne die Zugspannung des Flacheisens.

$$F = 4 \cdot 2 = 8\ \text{cm}^2 \qquad \sigma = \frac{P}{F} = \frac{5600}{8} = 700\ \text{kg/cm}^2$$

Aufg. 2. Eine Stange soll 8250 kg tragen und höchstens mit 550 kg/cm² angestrengt werden. Wie groß muß der Querschnitt der Stange sein?

Aus $\sigma = \frac{P}{F}$ folgt $F = \frac{P}{\sigma} = \frac{8250}{550} = 15{,}0\ \text{cm}^2$.

Aufg. 3. Ein Rundeisen besitzt einen Durchmesser von $d = 4$ cm. Seine Zugspannung soll 900 kg/cm² betragen. Wie schwer darf die Last höchstens sein?

$$F = \frac{\pi}{4} d^2 = \frac{\pi}{4} 4^2 = 12{,}57\ \text{cm}^2$$

Aus $\sigma = \frac{P}{F}$ folgt $P = \sigma \cdot F = 900 \cdot 12{,}57 = 11313$ kg. —

Die Maßeinheit des Ergebnisses folgt stets aus dem Gang der Rechnung:

$$\sigma = \frac{P}{F} = \frac{\text{kg}}{\text{cm}^2} = \text{kg/cm}^2$$

$$F = \frac{P}{\sigma} = \frac{\text{kg}}{\text{kg/cm}^2} = \frac{\text{kg}}{\frac{\text{kg}}{\text{cm}^2}} = \text{kg} \cdot \frac{\text{cm}^2}{\text{kg}} = \text{cm}^2$$

$$P = F \cdot \sigma = \text{cm}^2 \cdot \text{kg/cm}^2 = \text{cm}^2 \cdot \frac{\text{kg}}{\text{cm}^2} = \text{kg}.$$

2. Der Sicherheitsgrad.

Diejenige Spannung, die nötig ist, um einen Probestab (Abb. 14) durchzureißen, wird seine *Zugfestigkeit* genannt und abgekürzt mit σ_B. Als Zeiger (Index) dient ein B, weil man von einem „Bruch" infolge Zug redet.

Zerreißversuche mit gewöhnlichem Stabeisen ergeben eine Zugfestigkeit von durchschnittlich 3500—4500 kg/cm². Ein 1 cm breites Quadrateisen ($F = 1$ cm²) mit $\sigma_B = 4000$ kg/cm² zerreißt also, wenn eine 4000 kg schwere Last daran gehängt wird.

Die rechte Stange in Abb. 2 ist mit 230 kg/cm² belastet. Ihre Zugfestigkeit beträgt 3700 kg/cm². Da $\frac{\sigma_B}{\sigma} = \frac{3700}{230} = 16$, gewährt diese Stange eine 16fache Sicherheit gegen Zerreißen. Der *Sicherheitsgrad* wird abgekürzt mit ν. Allgemein gilt[1])

(2) $$\nu = \frac{\sigma_B}{\sigma}.$$

ν ist eine Verhältniszahl und deshalb unbenannt.

Aufg. 4. Der Baustahl St 48 (für große Brücken) besitzt eine Zugfestigkeit von 4800 kg/cm². Er soll mit 3facher Sicherheit angestrengt werden. Wie stark darf dann die Zugspannung höchstens sein?

Aus $\nu = \frac{\sigma_B}{\sigma}$ folgt $\sigma = \frac{\sigma_B}{\nu} = \frac{4800}{3} = 1600\ \text{kg/cm}^2$.

1) Das griechische Alphabet siehe Seite 130.

In Abb. 3 beobachtet jemand ein Drahtseil. Abb. 4 zeigt es in natürlicher Größe. Das Seil enthält 6 gleichartige dünne Seile, sogenannte Litzen. In *einer* Litze zählen wir 19 Drähte. Jeder ist 0,5 mm dick. Der Werkstoff besitzt eine Zugfestigkeit von $\sigma_B = 18\,800$ kg/cm².

Abb. 3 und 4.

Aufg. 5. Berechne den Sicherheitsgrad dieses Seiles.

Anzahl der Drähte $= 6 \cdot 19 = 114$. (Die Hanfseele trägt nicht mit.)

$F = 114 \cdot \frac{\pi}{4} \cdot 0{,}05^2 = 0{,}224$ cm². Ebenso groß ist der schwarze Kreis in Abb. 4.

$$\sigma = \frac{P}{F} = \frac{650}{0{,}224} = 2895 \text{ kg/cm}^2$$

$$\nu = \frac{\sigma_B}{\sigma} = \frac{18800}{2895} = 6{,}5$$

Der Querschnitt des Seiles ist *kleiner* als 1 cm². Darum liegt es nahe, die Spannung durch soundsoviel kg auf 1 *mm*² auszudrücken. Das ist jedoch nur in der Werkstoffprüfung üblich. Da 1 cm² = 100 mm², sind 2895 kg/cm² = 28,95 kg/mm².

In der Festigkeitslehre dient stets das Quadrat*zentimeter* als Flächeneinheit, auch wenn der Querschnitt noch so klein ist.

3. Ein Krangehänge.

Die Platte für den Kranhaken in Abb. 10 könnte abreißen wie ein mürber Riemen. Siehe Abb. 6 und 7. Welcher dieser Querschnitte ist am gefährdetsten? Der mit dem *kleinsten* Flächeninhalt!

Aufg. 6. Berechne die Zugspannung der Platte in ihrem gefährdetsten Querschnitt.

Am kleinsten ist der Querschnitt in Abb. 7.

$$F = (17 - 6)\,2 = 22 \text{ cm}^2 \qquad \sigma = \frac{P}{F} = \frac{4000}{22} = 182 \text{ kg/cm}^2$$

Die Zugfestigkeit des Werkstoffes beträgt etwa 4000 kg/cm². Also wird die Platte in Wirklichkeit noch längst nicht reißen.

Aufg. 7. Jetzt führe für Abb. 5 die entsprechende Rechnung aus.

$$F = (9 - 4)\,2 = 10 \text{ cm}^2 \qquad P = 2000 \text{ kg}$$

$$\sigma = \frac{2000}{10} = 200 \text{ kg/cm}^2$$

Vergleiche Abb. 8 mit Abb. 9. Ist es gleichgültig, wie die Nietlöcher angeordnet sind?

Für die Niete wohl, aber nicht für die Sicherheit der Platte. Briefmarken lassen sich infolge all der Löcher leicht voneinander abreißen. Ganz ähnlich geschwächt ist der Querschnitt in Abb. 9. In Abb. 8 verkleinert denselben Querschnitt aber nur *ein* Loch. Diese Anordnung der Löcher ist also besser als die andere und kostet doch nicht mehr!

5 6 7

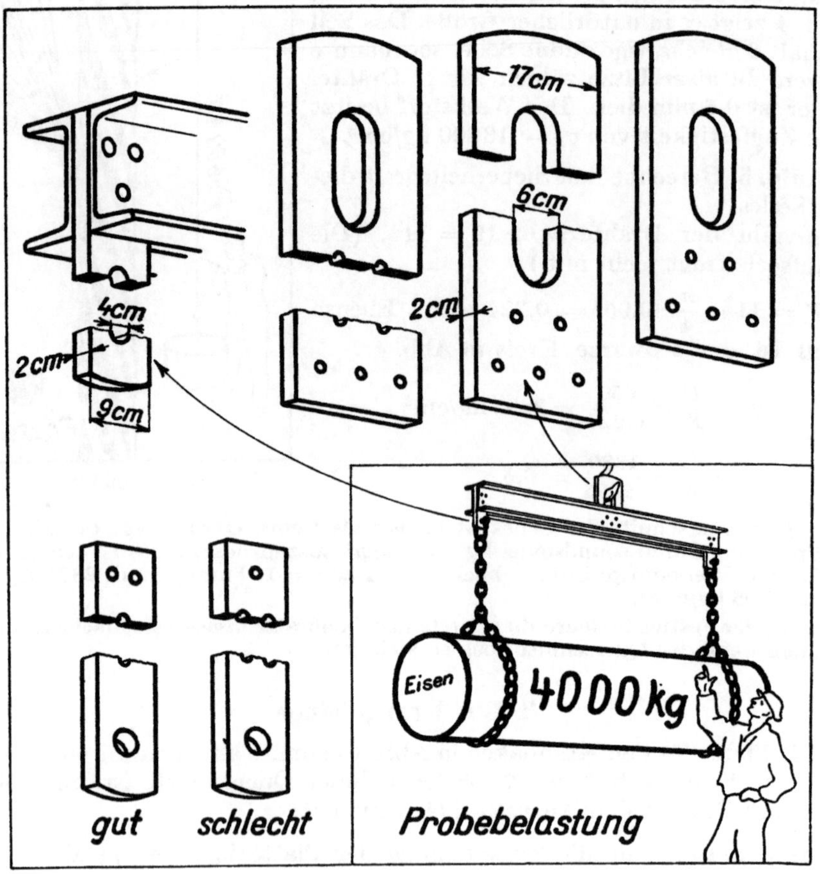

8 9 Abb. 5—10. 10

Ob die U-Eisen in Abb. 10 genügend biegefest sind, werden wir auf Seite 61 berechnen. Abb. 11 zeigt das obere Kettenende unseres Gehänges. In Abb. 12 sind einige Glieder durchgesägt.

Aufg. 8. Die Zugspannung in diesen Querschnitten ist zu berechnen. Das heißt, wieviel kg trägt 1 cm²? Zeichne die Querschnitte in *natürlicher* Größe auf.

$$F_{\mathrm{I}} = (6{,}2 - 3)\,3 \cdot 2 = 19{,}2\ \mathrm{cm}^2 \qquad \sigma_{\mathrm{I}} = \frac{2000}{19{,}2} = 104\ \mathrm{kg/cm}^2$$

$$F_{\mathrm{II}} = 2 \cdot \frac{\pi}{4}\, 3^2 = 14{,}1\ \mathrm{cm}^2 \qquad \sigma_{\mathrm{II}} = \frac{2000}{14{,}1} = 142\ \mathrm{kg/cm}^2$$

$$F_{\mathrm{III}} = 2 \cdot \frac{\pi}{4}\, 2{,}7^2 = 11{,}4\ \mathrm{cm}^2 \qquad \sigma_{\mathrm{III}} = \frac{2000}{11{,}4} = 175\ \mathrm{kg/cm}^2$$

$$F_{\mathrm{IV}} = 2 \cdot \frac{\pi}{4}\, 2{,}2^2 = 7{,}6\ \mathrm{cm}^2 \qquad \sigma_{\mathrm{IV}} = \frac{2000}{7{,}6} = 263\ \mathrm{kg/cm}^2$$

Der Flächeninhalt der Querschnitte nimmt von oben nach unten *ab*. In demselben Verhältnis nimmt ihre Spannung *zu*.

Die Last hat den ursprünglichen Krümmungshalbmesser *r* (Abb. 11) etwas verringert. Also herrscht in Kettengliedern nicht nur Zug, sondern auch Biegung. Man pflegt aber der Einfachheit halber nur die Zugspannung im geraden Gebiet des Rundeisens zu berechnen.

Aufg. 9. Die Kette in Abb. 11 wurde durch einen Zerreißversuch geprüft. Sie riß im Querschnitt IV infolge einer Belastung von 18400 kg. Berechne den Sicherheitsgrad in diesem Querschnitt während der Probebelastung in Abb. 10.

$$\nu = \frac{18400}{2000} = 9{,}2$$

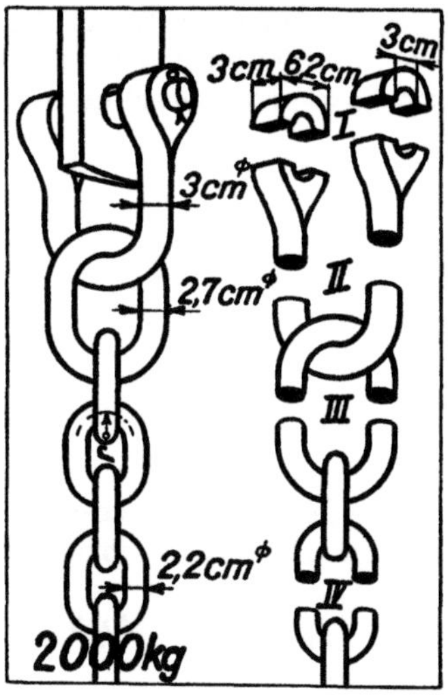

Abb. 11 und 12.

Je länger eine Kette ist, desto mehr fehlerhafte Schweißnähte haben sich eingeschlichen, desto unzuverlässiger ist sie. Reißt nur *ein* Glied, so stürzt die Last hinab. Die Glieder einer Kette liegen *hinter*einander, die Drähte eines Seiles *neben*einander.

In einem Seil schadet *ein* gerissener Draht nicht viel. Wenige Windungen von der Bruchstelle entfernt, trägt der gerissene Draht schon wieder vollwertig mit, weil die Reibung zwischen den Drähten so stark ist.

Aus demselben Grunde reißt zuweilen ein und derselbe Draht nacheinander an mehreren Stellen! Das beweisen die ausgebrauchten Förderseile der Bergwerke.

4. Schrauben.

Die Bruchfläche in Abb. 13 rechts besitzt einen dreieckigen Zipfel. Dieser gehört dem Schraubengang an und kann unberücksichtigt bleiben.

Der Durchmesser der Bruchfläche ist gleich dem Kerndurchmesser d_1. Um die Zugspannung einer Schraube zu ermitteln, denkt man sich die Last gleichmäßig über den *ebenen* Kernquerschnitt verteilt.

$$F = \frac{\pi}{4}\, d_1^2 = \frac{\pi}{4}\, 1{,}85^2 = 2{,}7\ \text{cm}^2, \quad \text{also} \quad \sigma = \frac{P}{F} = \frac{1400}{2{,}7} = 518\ \text{kg/cm}^2$$

Trapez- und Rundgewinde wird sinngemäß berechnet.

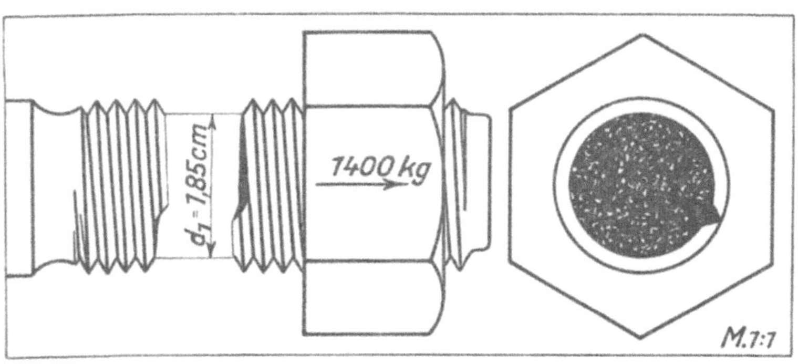

Abb. 13.

Aufg. 10. Eine Schraube mit metrischem Gewinde soll eine Last tragen von 54600 kg mit 7facher Sicherheit. Die Zugfestigkeit des Stahles beträgt 4270 kg/cm². Berechne den Kerndurchmesser der Schraube.

$$\sigma = \frac{\sigma_B}{\nu} = \frac{4270}{7} = 610 \text{ kg/cm}^2$$

Aus $\qquad \sigma = \dfrac{P}{\frac{\pi}{4} d_1^2} \qquad$ folgt $\qquad \dfrac{\pi}{4} d_1^2 = \dfrac{P}{\sigma}$

$$\frac{\pi}{4} d_1^2 = \frac{54600}{610} = 89{,}5 \text{ cm}^2$$

$$d_1 = 10{,}7 \text{ cm}.$$

Ein Kerndurchmesser von 10,7 cm ist in den Gewindenormen nicht enthalten. Der nächst größere beträgt 11,07 cm. Wird dieser ausgeführt, so ist

$$\frac{\pi}{4} d_1^2 = \frac{\pi}{4} 11{,}07^2 = 96{,}3 \text{ cm}^2 \qquad \sigma = \frac{54600}{96{,}3} = 567 \text{ kg/cm}^2$$

$$\nu = \frac{4270}{567} = 7{,}53.$$

5. Der Zugversuch.

Siehe Abb. 14. Der Probestab trägt zwei Marken (Kerner). Die Enden des Stabes legen wir in die Klauen einer Zerreißmaschine. Der Stab wird *allmählich* immer strammer und länger. Dadurch zeichnet die Maschine selbsttätig die Linie $OSBZ$. Beim Beginn des Versuches steht der Bleistift in O. Er wird in senkrechter Richtung bewegt durch die Zugkraft. In waagerechter Richtung folgt er der Dehnung des Markenabstandes.

14

15

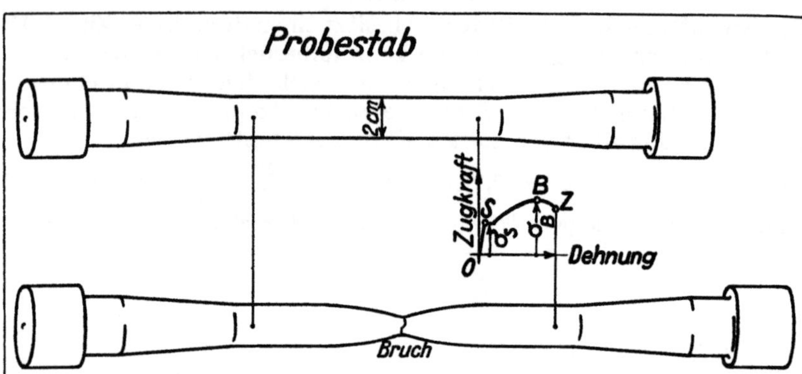

Abb. 14 und 15.

Wird der Stab entlastet, während sich der Bleistift noch *unterhalb* S befindet, so kehrt der Stift genau nach O zurück. Die Dehnung verschwindet also völlig. Die Marken erlangen wieder ihren ursprünglichen Abstand. Der Stab hat *gefedert*.

Anders verhält sich ein Probestab aus Blei. Die geringste Dehnung geht von selbst nicht zurück. Dieser Stab wird sogleich *bleibend* verlängert.

Stahl bewahrt seine Elastizität bis zu einer recht hohen Spannung, bis nämlich der Bleistift in *S* angelangt ist. In diesem Augenblick holt der *stählerne* Stab die vorher versäumte, bleibende Verlängerung *auf einmal* gründlich nach. Der Stift bewegt sich währenddessen nahezu waagerecht.

In diesem Bereich bleibt also die Zugkraft und somit auch die Zugspannung fast gleich stark. Der Zeiger des Kraftmessers steht still, während sich der Markenabstand immer weiter *streckt*. Der Stab war anfangs blank. Jetzt wird er matt. Die Eisenkörnchen lockern sich. Sie „fließen" wie Sand durcheinander. Die zugehörige Spannung wird *Streckgrenze* genannt und mit σ_S abgekürzt.

Soll der Stab immer weiter gestreckt werden, so muß die Zugkraft von neuem anwachsen. Der Werkstoff hat sich also während des Streckens *verfestigt*. In *B* erlangt die Zugkraft ihren größten Wert. Im gleichen Augenblick beträgt der Durchmesser des Probestabes statt 2 cm z. B. nur noch 1,9 cm.

Ist der Bleistift in Z angelangt, so reißt der Stab. Von *B* bis Z sinkt die Kurve, weil sich der Stab gleichzeitig *einschnürt* (Abb. 15). Deshalb genügt eine immer kleinere Kraft, um den Stab zu strecken.

Der Bleistift gelangt von *O* nach Z in etwa 2—3 Minuten.

Unter Zugfestigkeit versteht man den Betrag

$$\sigma_B = \frac{\text{Größtlast}}{\textit{ursprüngl.}\ \text{Querschnitt}}.$$

In dieser Rechnung pflegt man die Abnahme des Durchmessers (von 2,0 cm auf 1,9 cm) der Einfachheit halber nicht zu berücksichtigen. —

Wird der Stab entspannt, während der Bleistift irgendwo zwischen *S* und Z steht, so kehrt der Stift nicht mehr nach *O* zurück. Der Stab wurde „überzogen", sein Markenabstand bleibend verlängert.

Wenn der Werkstoff fließt, reiben und erwärmen sich die Körnchen. Reißt man z. B. einen dunkelrot glühenden, etwa 2 mm dicken Draht mit dem Flaschenzug durch, so wird die Bruchstelle hellrot.

Von *O* bis etwas unterhalb *S* beschreibt der Bleistift eine *Gerade*. In diesem Bereich wächst also die Dehnung in demselben Verhältnis wie die Zugkraft. Das wurde bereits von dem Engländer *Hooke*[1]) (1635—1703) in die lateinischen Worte gekleidet: „ut tensio, sic vis." Das heißt: „Wie die Dehnung, so die *Kraft*." Der Begriff „Spannung" entstand erst um das Jahr 1800.

Wird eine Kette übermäßig belastet, so streckt sie sich bedeutend. Derartig steif gewordene Ketten sind unbrauchbar.

Damit der Werkstoff nicht bleibend verformt wird, muß seine Spannung unterhalb der Streckgrenze liegen! Nur dann federn die Tragwerke von selbst in ihre ursprüngliche Form zurück. Die höchstens zulässige Spannung ist also von der *Streckgrenze* abhängig und nicht von der Zugfestigkeit. Unterhalb der Streckgrenze entstehen lediglich federnde Dehnungen, oberhalb vor allem auch bleibende.

Je höher die Streckgrenze (Punkt *S* in Abb. 15) liegt im Verhältnis zur Zugfestigkeit (Punkt *B*), desto wertvoller ist der Stahl. Die Streckgrenze mittelmäßigen Stahles beträgt reichlich die Hälfte, die des Edelstahles reichlich Dreiviertel seiner Zugfestigkeit.

---

1) sprich „huhk".

Aufg. 11. Ein Flacheisen ist 5 cm breit und 3 cm dick. Der hieraus gefertigte Probestab ergab $\sigma_S = 2240$ kg/cm². An dem Flacheisen soll eine Last hängen von 6000 kg. Wie groß ist die Sicherheit gegen Fließen oder Strecken?

$$F = 5 \cdot 3 = 15 \text{ cm}^2 \qquad \sigma = \frac{P}{F} = \frac{6000}{15} = 400 \text{ kg/cm}^2$$

$$\nu = \frac{\sigma_S}{\sigma} = \frac{2240}{400} = 5{,}6$$

Das Flacheisen wird also mit 5,6facher Sicherheit *nicht* überzogen. Es federt genau bis zur ursprünglichen Länge zurück, wenn die Last fortgenommen wird.

Probestäbe aus härteren Stahlmarken fließen nur wenig. Darum besitzen diese keine deutlich genug ausgeprägte Streckgrenze. Dann ist laut Dinormen [1]) diejenige Spannung als Streckgrenze anzusehen, die den Markenabstand des Stabes um 2 Tausendstel seines ursprünglichen Betrages bleibend verlängert.

Eisenbahnwagen werden bekanntlich durch Schraubenspindeln gekuppelt. Diese besitzen Rechts- und Linksgewinde. Dreht man die Spindel, so entfernen oder nähern sich zwei Muttern. Die eine ist mit dem einen Wagen durch zwei Laschen, die andere mit dem anderen Wagen durch einen hufförmigen Bügel verbunden.

Würde die Schraubenspindel überzogen, so ließe sie sich nicht mehr in den Muttern drehen. Um das zu verhindern, sind die Laschen so knapp bemessen, daß diese reißen, bevor die Zugspannung in der viel teureren Schraubenspindel die Streckgrenze überschreitet!

II. Druck.

6. Die Druckspannung.

Ziegelsteine werden durch Druck beansprucht. *Druckspannungen* kürzt man ab mit σ_d. Allgemein gilt

$$\sigma_d = \frac{P}{F}. \tag{3}$$

Aufg. 12. Wie groß ist in Abb. 16 die Druckspannung des Erdbodens und Pfostens?

a) Erdboden.

$$F = 115 \cdot 30 = 3450 \text{ cm}^2$$

$$\sigma_d = \frac{P}{F} = \frac{7400}{3450} = 2{,}14 \text{ kg/cm}^2$$

Für guten Baugrund ist

$$\sigma_d = 3 - 5 \text{ kg/cm}^2$$

zulässig.

Abb. 16.

1) Deutsche Industrie-Normen.

b) **Pfosten.**

$$F = 23^2 = 529 \text{ cm}^2$$

$$\sigma_d = \frac{7400}{529} = 14 \text{ kg/cm}^2$$

Man denke sich die Last vervierfacht, die Abmessungen der Hölzer aber nur verdoppelt. Dann bleiben die Druckspannungen gleich stark.

7. Der Druckversuch.

Diejenige Spannung, die nötig ist, um einen Probekörper zu zerdrücken, wird seine *Druckfestigkeit* genannt und abgekürzt mit σ_{-B}.

Aus völlig durchgehärtetem Chromstahl[1]) für Kugellager fertigte man einen walzenförmigen Probekörper von 1,2 cm Durchmesser und 1,2 cm Länge. Zeichne ihn in natürlicher Größe auf.

Die Presse drückte auf die kreisrunden Stirnflächen des Probekörpers. Im Augenblick des Bruches zeigte der Kraftmesser 53900 kg an.

Da $$F = \frac{\pi}{4} \cdot 1{,}2^2 = 1{,}13 \text{ cm}^2,$$

ergibt sich $$\sigma_{-B} = \frac{53900}{1{,}13} = 47\,700 \text{ kg/cm}^2.$$

Weil der Probekörper sehr spröde war, wurde er in mehrere Stücke zerdrückt. Zähe Werkstoffe vermag man nur zu einer dünnen Platte breitzuquetschen. Der Streckgrenze σ_S entspricht beim Druckversuch die *Quetschgrenze* σ_{-S}. Für Stahl ist[2])

$$\sigma_{-S} \approx \sigma_S.$$

Die Druckfestigkeit zäher Werkstoffe läßt sich nicht ermitteln. Spröde Werkstoffe besitzen weder eine Streckgrenze, noch Quetschgrenze.

8. Wälzlager.

a) **Rolle.** Eine stählerne, gehärtete Walze, deren Mantel geschliffen ist, rollt auf einem gehärteten, eben geschliffenen Stahlklotz. Beide Körper berühren sich nur in einer einzigen Linie. Wird die Walze aber belastet, so erweitert sich die Linienberührung zur Flächenberührung, weil Walze und Klotz elastisch sind.

Das ist in Abb. 17 stark übertrieben dargestellt. Die Druckfläche wird begrenzt von zwei mit m bezeichneten Mantellinien. Die größte Druckspannung herrscht im Scheitel n. In m ist die Druckspannung gleich Null.

Der Halbmesser der *un*belasteten Walze werde mit r bezeichnet. Der Querschnitt der *be*lasteten Walze ist nicht mehr genau kreisförmig. Der Krümmungshalbmesser des Querschnittrandes hat sich in m von r auf ϱ_m, in o von r auf ϱ_o verkürzt, aber in n auf ϱ_n vergrößert. Wird die Last verringert, so wachsen ϱ_m und ϱ_o, während ϱ_n abnimmt. An der unbelasteten Walze ist $\varrho_m = \varrho_o = \varrho_n = r$, d. h. alle Krümmungsmittelpunkte fallen wieder zusammen.

Wenn man einen kreisrunden Faßreifen in die Länge zieht, entstehen auf dem äußeren Mantel des Reifens Spannungen verschiedener Art, und zwar Zugspannungen, wo der Krümmungshalbmesser abnimmt, Druckspannungen, wo er zunimmt.

1) Chrom ist ein äußerst hartes, eisenähnliches Metall.
2) Es bedeutet $\approx$ *nahezu* gleich.

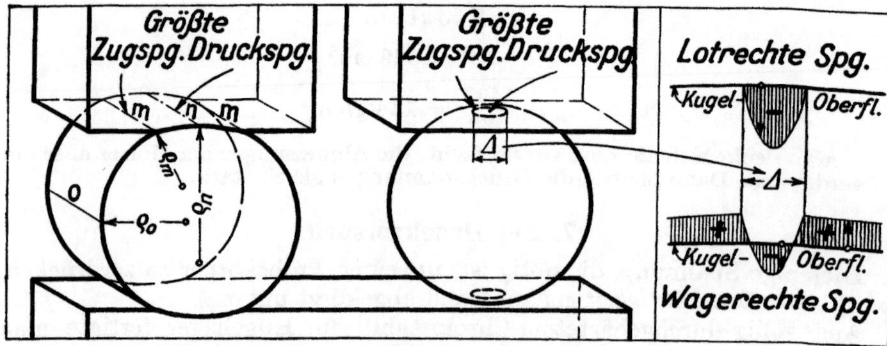

17 Abb. 17—20. 18 19 20

Auch auf dem Mantel der elastisch verformten Walze in Abb. 17 herrschen Spannungen, die *tangential zum Querschnittsumriß* gerichtet sind. Da $\varrho_o < r$ und $\varrho_m < r$, müssen in *o* und *m Zug*spannungen entstanden sein. Diese verlaufen in *o* senkrecht, in *m* nahezu waagerecht.

Von *o* bis *m*[1]) nimmt der Krümmungshalbmesser ab und in demselben Maße die Zugspannung zu. Von *m* nach rechts wächst der Krümmungshalbmesser und sinkt die Zugspannung. Sie ist gleich Null, wo $\varrho = r$. Von dort bis *n* wächst der Krümmungshalbmesser weiter an. Er wird also immer größer als *r*. Deshalb herrschen in diesem Bereich tangentiale *Druck*spannungen. Sie sind in *n* genau waagerecht gerichtet.

Es ist ϱ_m der kleinste, ϱ_n der größte Krümmungshalbmesser. Darum herrscht in *n* die größte tangentiale Druckspannung, in *m* die größte Zugspannung. Der Klotz erleidet in *m* ebenfalls Zugspannungen.

b) Kugel. Man denke sich die Walze in Abb. 17 nach und nach in eine Kugel verwandelt.[2]) Schließlich bilden die Mantellinien *m*, die die Punkte größter Zugspannung enthalten, den Umfang eines Kreises.

Die Kugel in Abb. 18 trägt eine schwere Last. Deshalb berühren sich Kugel und Klotz nicht mehr in einem *Punkt*, sondern in einer winzigen, kreisrunden *Fläche* mit dem Durchmesser Δ. Die Druckspannung ist im Mittelpunkt dieser Fläche am größten und an derem Umfang gleich Null.

In Abb. 19 bedeutet Δ wiederum den winzigen Durchmesser der Druckfläche einer Kugel, die wie in Abb. 18 von ebenen Flächen gepreßt wird. Dieser Kreis erfährt lotrechte Druckspannungen. Sie nehmen von einem Ende des Durchmessers Δ bis zum anderen in demselben Verhältnis zu und ab wie in Abb. 19 die lotrechten Strecken (Ordinaten). Am Rande des Berührungskreises erhielt die Oberfläche der Kugel einen Knick. Dadurch entstanden an dieser Stelle Zugspannungen.

Der Berührungskreis wird nicht nur normal (lotrecht), sondern auch tangential (waagerecht) gespannt. Von oben gesehen, laufen die Richtungen dieser tangentialen Spannungen strahlenförmig durch den Mittelpunkt der Druckfläche. Wie verschieden stark in jedem Punkt des Berührungskreises und seiner nächsten Umgebung die tangentialen Zugspannungen (+) und tangentialen Druckspannungen (—) sind, zeigt Abb. 20. Hier entsprechen

1) Gemeint ist die *linke* der in Abb. 17 mit *m* bezeichneten Mantellinien.
2) Es werden auch tonnenförmige Wälzkörper verwendet.

also die *lotrechten* Strecken ihrer Länge nach Spannungen, die nahezu *waagerecht*[1]) verlaufen.

Die größte Zugspannung herrscht am Rande des Berührungskreises. Diese beträgt etwa *die Hälfte der größten Druckspannung* in Abb. 19, falls die Kugel von einer *ebenen* Fläche gepreßt wird. Gute Kugeln aus völlig durchgehärtetem Chromstahl vertragen im Mittelpunkt der Druckfläche eine Druckspannung bis 140000 kg/cm² und folglich am Rande der Druckfläche eine Zugspannung bis 70000 kg/cm², ohne Schaden zu nehmen.

Ist die Last zu schwer, so bildet sich am Rande des Berührungskreises der erste Riß. Dieser entsteht infolge übermäßig starker Zugspannungen. Der Werkstoff für Wälzlager muß also auch eine große Zugfestigkeit besitzen.

Rollt die belastete Kugel geradeaus, so wechselt auf ihrer Oberfläche in jedem Punkt des Laufkreises eine gewaltige Druckspannung ab mit einer etwa halb so starken Zugspannung, und zwar doppelt so oft, wie die Umlaufzahl der Kugel beträgt!

9. Der Leibungsdruck.

In Abb. 21 belastet das Gewicht genau *eine* Hälfte der Lochwand, die obere wird nirgends gepreßt. Die Mantellinie *m* nimmt die tiefste Stelle der Lochwand ein. Dort ist die Pressung am größten.

Siehe Abb. 22. Die Dicke des Holzes stimmt überein mit der Blechdicke *s* im linken Bilde. Die Breite des Holzes deckt sich mit dem Durchmesser *d* des Loches. Der Tisch wird gepreßt in einer Fläche mit $F = 2 \cdot 15 = 30$ cm² Inhalt. In dieser herrscht überall eine gleich starke Druckspannung von

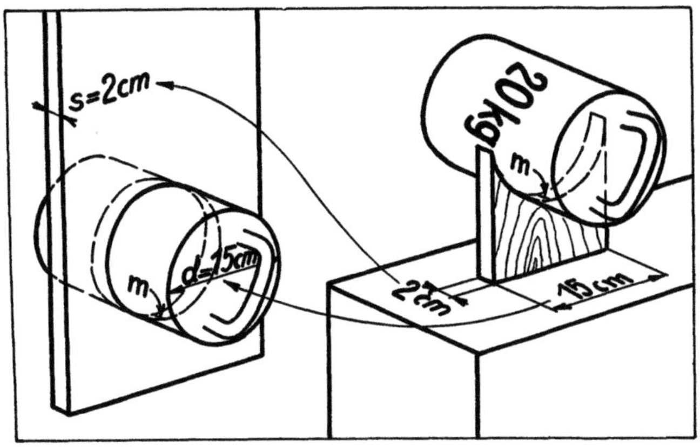

Abb. 21 und 22.

$$\sigma_d = \frac{P}{F} = \frac{20}{30} = 0{,}67 \text{ kg/cm}^2.$$

Mindestens ebenso groß ist erfahrungsgemäß die Druckspannung in der Mantellinie *m*. Die dortige Pressung wird *Leibungsdruck* genannt und abgekürzt mit σ_l. Also ist in Abb. 21 $\sigma_l = 0{,}67$ kg/cm². Allgemein gilt

$$\sigma_l = \frac{P}{d \cdot s}. \tag{4}$$

Das Rechteck $d \cdot s$ bedeutet die Draufsicht (Projektion) der Lochwandung in Richtung der Last.

Aufg. 13. Berechne den Leibungsdruck der Niete in Abb. 23. (Es handelt sich um das Gehänge in Abb. 10.)

1) Nach neuester Rechtschreibung mit *doppelt* a.

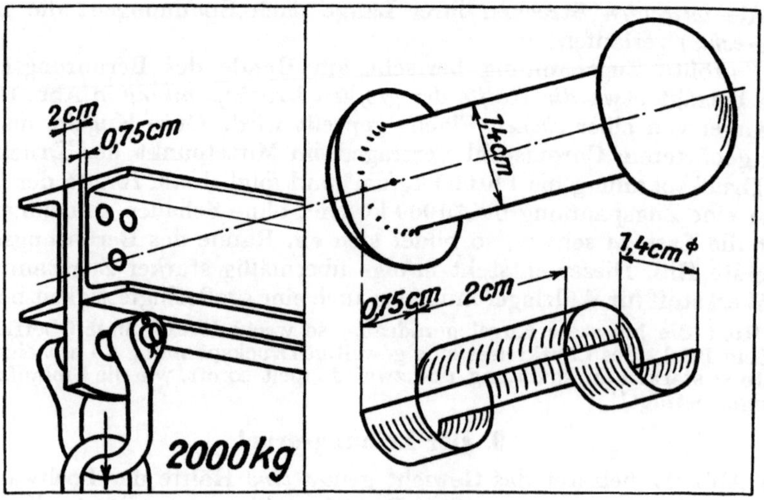

Abb. 23 und 24.

Ein Niet trägt 2000 kg : 3 = 667 kg. Abb. 24 unten zeigt diejenigen Flächen, die gepreßt werden. Im Bereiche der 2 cm dicken Platte gilt

$$\sigma_l = \frac{P}{d \cdot s} = \frac{667}{1,4 \cdot 2} = 238 \text{ kg/cm}^2.$$

Ein Loch im U-Eisen trägt 667 : 2 = 333,5 kg. Dort ist

$$\sigma_l = \frac{333,5}{1,4 \,.\, 0,75} = 318 \text{ kg/cm}^2.$$

Quetscht man das Stäbchen in Abb. 26 breit, so wird sein Querschnitt niedriger. Dasselbe läßt sich in Abb. 25 viel schwerer erreichen, weil dort das Stäbchen eingebettet ist. Dies fließt erst infolge einer etwa doppelt so starken Druckspannung wie im anderen Falle.

Damit Nietschaft und Lochwand nicht bleibend verformt werden, muß sein[1])

$$\sigma_l < 2\,\sigma_{-S}.$$

Aufg. 14. Wie groß ist in Abb. 23 der Sicherheitsgrad der U-Eisen gegen Quetschen, wenn $\sigma_{-S} = 2500$ kg/cm²?

$$\nu = \frac{2\sigma_{-S}}{\sigma_l} = \frac{2 \cdot 2500}{318} = 15,7$$

Die Lochwand des U-Eisens und das dortige Gebiet des Nietschaftes sind gleich stark gepreßt. Die Quetschgrenze beider Werkstoffe kann aber sehr verschieden sein und infolgedessen auch der Sicherheitsgrad!

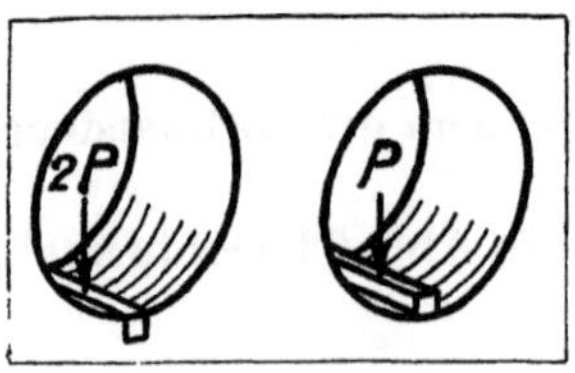

Abb. 25 und 26.

Nach der Nietung schrumpft der glühende Nietschaft zusammen. Im Niet entstehen also Zugspannungen wie in einem Schraubenbolzen. Die vernie-

1) 8 < 9 bedeutet: 8 ist kleiner als 9.
5 > 4 „ 5 „ größer „ 4.

teten Teile werden gegeneinander gepreßt. Der glühende Nietschaft berührt die Lochwand überall, der erkaltete nirgends.

Vermag die Last die Reibung zwischen den vernieteten Teilen zu überwinden, so gleiten sie ein wenig aufeinander, bis der Niet die Lochwand berührt. Erst dann entsteht Leibungsdruck.

Weil der Nietdurchmesser kleiner als der Lochdurchmesser ist, wird der wirkliche Leibungsdruck größer sein als der errechnete.

III. Kessel und Rohre.

10. Die Spannung im Längsschnitt.

a) Innendruck. Mit dem Riemen in Abb. 28 sind zwei halbkreisförmige Holzstücke zusammengeschnallt. Das Holz ist ebenso dick wie der Riemen breit. Im Riemen herrscht Zug, in der Fuge I herrscht Druck. Dieselbe Fläche wird in Abb. 27 von zwei gleich großen Bleiplatten gepreßt. Diese sind ebenso dick wie das Holz.

Die *Dicke s* des Riemens geht 16 mal in den *Halbmesser* der Holzscheibe. Folglich ist der *Querschnitt* des Riemens in der *Grundfläche einer* Bleiplatte ebenfalls 16 mal enthalten. Also beträgt die Zugspannung des Riemens das 16 fache der Pressung zwischen Holz und Blei.

Schnallen wir den Riemen in Abb. 28 ein Loch enger oder weiter, so bleibt seine Zugspannung[1]) stets 16 mal so stark wie die Pressung in der Fuge I. Ginge die Riemendicke 24 mal in den inneren Halbmesser, so wäre die Zugspannung 24 mal so stark wie die Druckspannung.

Nun betrachte Abb. 29. Der Papierstreifen schwimmt in Wasser. Er soll die Fuge I andeuten. Es herrscht eine Wasserspannung von 10 kg/cm². Die Pressung des Papiers von oben und unten be-

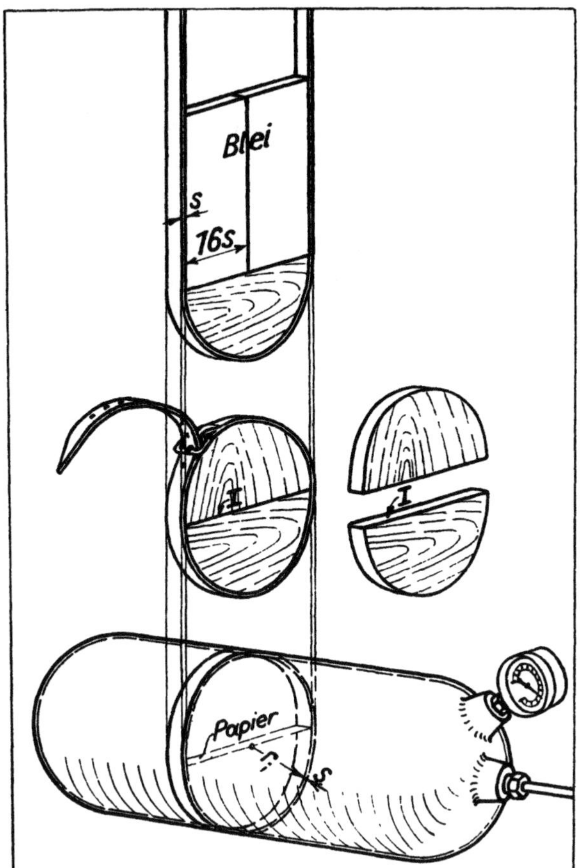

27

28

29

Abb. 27—29.

1) In dem Bereiche außerhalb der Schnalle.

trägt also 10 kg/cm² und folglich die Zugspannung des eisernen Ringes das 16fache, nämlich 16 · 10 = 160 kg/cm².

Nicht nur das Papier erleidet überall eine Pressung von 10 kg/cm², sondern auch die innere Wölbung des Ringes. Ginge die Blechdicke 37mal in den inneren Halbmesser, so wäre die Zugspannung *im* Blech 37mal so stark wie die Druckspannung *auf* dem Blech.

Bezeichnet σ die Blechspannung, p die Flüssigkeitsspannung, beide in kg/cm², ferner r_i den inneren Halbmesser und s sie Blechdicke, beide in cm, so ist

(5) $$\sigma = p\,\frac{r}{s}.$$

Die Blechspannung hängt außer von p nur ab von dem *Verhältnis* r_i/s [1]), also davon, wie oft s in r_i enthalten ist. Wieviel cm r_i und s einzeln betragen, ist nebensächlich. Besitzen demnach ganz verschieden große Kessel dasselbe r_i/s und sind sie demselben p ausgesetzt, so ist auch ihre Blechspannung σ gleich.

Ein Kessel hat einen inneren Halbmesser von 80 cm und eine Blechdicke von 1 cm. Dann ist $r_i/s = 80$. Also beträgt die Zugspannung des Bleches stets das 80fache der Anzahl kg/cm², die augenblicklich der Druckmesser (Manometer) anzeigt.

Aufg. 15. Ein Kessel enthält Preßluft mit 12 kg/cm² Spannung. Es ist $r_i = 63$ cm, $s = 1{,}6$ cm. Berechne die Blechspannung.

$$\sigma = p\,\frac{r_i}{s} = 12\,\frac{63}{1{,}6} = 472{,}5 \text{ kg/cm}^2$$

Ob der Kessel aus Eisen oder Kupfer besteht, ist für seine Zugspannung gleichgültig. In beiden Fällen betrüge sie dasselbe. Sehr ungleich wäre dagegen der Sicherheitsgrad, weil Eisen und Kupfer eine verschieden hohe Streckgrenze besitzen.

Aufg. 16. Wie dick muß die Wandung eines Kessels sein, wenn der innere Durchmesser 94 cm, die Dampfspannung 60 kg/cm², die Zugspannung 900 kg/cm² betragen soll?

Aus $\sigma = p\,\frac{r_i}{s}$ folgt $s = p\,\frac{r_i}{\sigma}$

$$s = 60\,\frac{47}{900} = 3{,}1 \text{ cm}.$$

Aufg. 17. Ein Stahlrohr hat einen äußeren Durchmesser von 27,5 cm, einen inneren von 26,9 cm. Der Werkstoff besitzt eine Streckgrenze von $\sigma_S = 2300$ kg/cm² und soll mit zweifacher Sicherheit gegen Strecken angestrengt werden. Wie stark darf dann höchstens die Wasserspannung im Innern des Rohres sein?

$$\sigma = \frac{\sigma_S}{v} = \frac{2300}{2} = 1150 \text{ kg/cm}^2$$

$$r_i = \frac{26{,}9}{2} = 13{,}45 \text{ cm} \qquad s = \frac{27{,}5-26{,}9}{2} = 0{,}3 \text{ cm}$$

1) Ein schräger Bruchstrich gilt soviel wie ein waagerechter.

Aus $\sigma = p\frac{r_i}{s}$ folgt $p = \frac{\sigma \cdot s}{r_i}$

$$p = \frac{1150 \cdot 0{,}3}{13{,}45} = 25{,}6 \text{ kg/cm}^2.$$

Aufg. 18. Der Mantel des Gasbehälters eines Städtischen Gaswerkes besitzt einen inneren Durchmesser von 7200 cm. Die Blechdicke beträgt 0,3 cm, die Gasspannung 9 cm Wassersäule = 0,009 kg/cm². Berechne die Blechspannung.

$$\frac{r_i}{s} = \frac{3600}{0{,}3} = 12000$$

$$\sigma = 12000\,p = 12000 \cdot 0{,}009 = 108 \text{ kg/cm}^2$$

Die *Blech*spannung dieses Behälters beträgt also stets das 12000fache der jeweiligen *Gas*spannung. —

Gesättigter Dampf von 40 kg/cm² Spannung besitzt eine Temperatur von 250°. Bei 20° ergab ein Probestab aus gewöhnlichem Stahl $\sigma_S = 2300$ kg/cm² und $\sigma_B = 3600$ kg/cm². Derselbe Werkstoff lieferte bei 250° ganz andere Werte, nämlich $\sigma_S = 1700$ kg/cm² und $\sigma_B = 4500$ kg/cm². *Die Streckgrenze sank* also, während die Zugfestigkeit stieg!

Das muß berücksichtigt werden, wenn man den *tatsächlichen* Sicherheitsgrad von Kesseln und Maschinenteilen berechnen will, die stark erwärmt sind.

b) Außendruck. Die Rauchrohre eines Lokomotivkessels werden innen vom Rauch berührt, außen vom Wasser. Sie drohen also nicht zu platzen, sondern zerdrückt zu werden. Dann ist statt des inneren Halbmessers r_i der *äußere* Halbmesser r_a ausschlaggebend. Bezeichnet σ_d die Druckspannung des Rohres, so gilt entsprechend Gl. (5)

$$\sigma_d = p\frac{r_a}{s}. \tag{6}$$

Aufg. 19. Die Rauchrohre der Einheits-Schnellzuglokomotive der Deutschen Reichsbahn besitzen einen äußeren Durchmesser von 14,3 cm, einen inneren von 13,5 cm. Wieviel beträgt ihre Druckspannung, wenn der Kessel $p = 16$ kg/cm² anzeigt? Zeichne den Rohrquerschnitt in natürlicher Größe auf.

$$r_a = \frac{14{,}3}{2} = 7{,}15 \text{ cm} \qquad s = \frac{14{,}3 - 13{,}5}{2} = 0{,}4 \text{ cm}$$

$$\sigma_d = p\frac{r_a}{s} = 16\,\frac{7{,}15}{0{,}4} = 286 \text{ kg/cm}^2$$

Wenn sich ein walzenförmiger Kessel infolge Innendruckes verformt, nähert sich seine Gestalt der einer Kugel. Die Kugel birgt mit der kleinsten Oberfläche den größten Rauminhalt.

Ein kugelförmiger Kessel besitzt außerdem die beste Festigkeit, besonders wenn er durch Außendruck beansprucht wird. Er beult am schwersten ein. Ein Hühnerei mit beiden Händen langsam zu zerdrücken, ist außerordentlich schwierig.

11. Die Spannung im Querschnitt.

Abb. 33 zeigt den Unterschied zwischen einem *Längs*schnitt und *Quer*schnitt. Die Ebene des Längsschnittes geht durch die Mittelachse des Kessels.

Dieser wurde in Abb. 32 durch Quer- und Längsschnitte in gleich breite Streifen zerlegt. Die Längsstreifen endigen keilförmig. In Abb. 31 sind ihre Spitzen zusammengelötet. *Ein* Blei*keil* wiegt halb soviel wie *ein* Blei*klotz* in Abb. 30, und zwar um so genauer, je geringer die Wanddicke ist im Verhältnis zum Halbmesser. Die Belastungshöhe *h* entspricht der Wasserspannung. Diese pflanzt sich bekanntlich im Kessel nach allen Richtungen gleichmäßig fort.

Also erzeugt das Preßwasser im Schnitt II durch den *ringförmigen* Streifen eine doppelt so große Spannung wie im Schnitt I durch den *geraden* Streifen. *Ein Kessel ist im Längsschnitt stets doppelt so stramm wie im Querschnitt.* Das sollen in Abb. 33 die ebenso verschieden langen Pfeile andeuten.

30 31

32

33

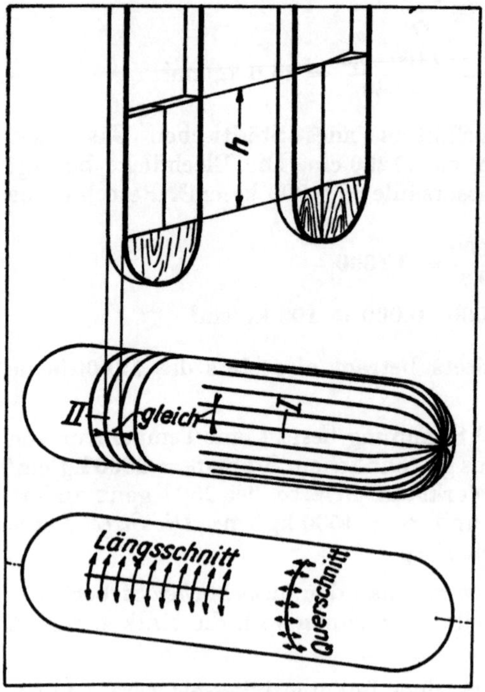

Abb. 30—33.

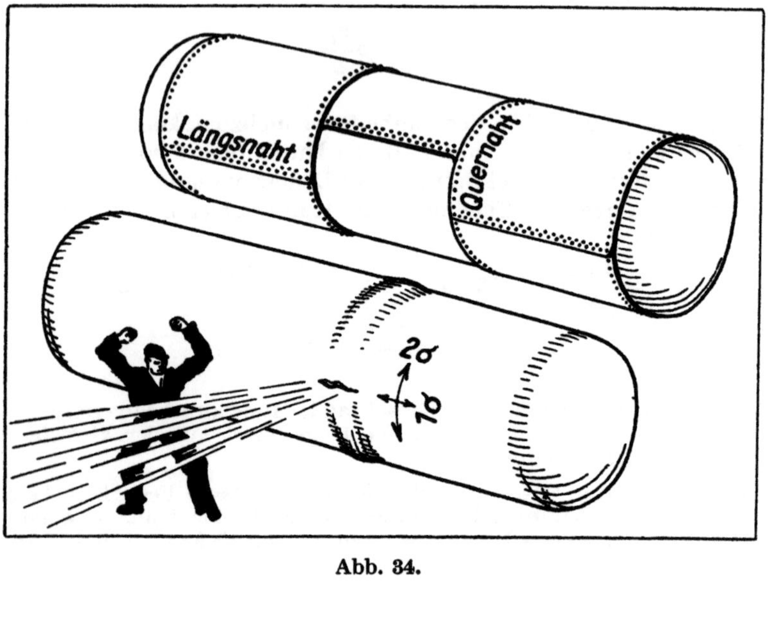

Abb. 34.

Die Rauchrohre einer Lokomotive sind an beiden Enden offen. Daher werden deren Querschnitte nicht gespannt. Die Glocke zum Gasbehälter eines Gaswerkes ist unten offen. Deshalb wird deren Mantel durch das Gas nur im Längsschnitt gespannt. Im Querschnitt entstehen geringe Zugspannungen lediglich infolge der eigenen Schwere des Mantelbleches.

Gelegentlich wird ein Kessel zur Probe immer weiter aufgepumpt. Plötzlich zerknallt er. Siehe Abb. 34. Der Mantel platzte tatsächlich der Länge nach und nicht rundum. Er war im Längsschnitt stets doppelt so stramm wie im Querschnitt.

Darum müssen die Längsnähte doppelt soviel Nietreihen erhalten wie die Quernähte. Auch Schweißen oder Löten sollte man eine Längsnaht sorgfältiger als eine Quernaht.

IV. Schub.

12. Die Schubspannung.

Die Stange in Abb. 37 wurde zerrissen. Beide Teile ließen einander *plötzlich* los. Die Bruchflächen sind sehr zackig und matt.

In Abb. 36 wurde dieselbe Stange aber ganz anders zerstört. *Nach* der Trennung berührten sich beide Bruchflächen noch *eine Weile*. Dadurch schabten sie sich stellenweise glatt und blank. Das ist eine Zerstörung durch Schiebung oder *Schub*.

Abb. 35—37.

Schneidet man ein Rundeisen mit der Schere durch, so gleiten die Schnittflächen ebenfalls aneinander vorbei. Die Schere erzeugte *Schubspannungen*. Darum nennt man diese Spannungen häufig auch Scherspannungen. In Abb. 37 wurde die Stange *zerrissen*, in Abb. 36 *zerschnitten*. Zum Unterschied von Zugspannungen kürzt man Schubspannungen ab mit τ. Also ist entsprechend Gl. (1)

$$\tau = \frac{P}{F}. \tag{7}$$

Da $F = \frac{\pi}{4} \cdot 3{,}2^2 = 8{,}04\ \text{cm}^2$, ergibt sich $\tau = \frac{1700}{8{,}04} = 212\ \text{kg/cm}^2$.

In Abb. 35 erzeugt die Last nicht nur Schub, sondern sie *verbiegt* die Stange gleichzeitig ein wenig. Deshalb ergibt die Rechnung $\tau = \frac{P}{F}$ nur die *durchschnittliche* Schubspannung. Wegen der unvermeidlichen Biegung war im höchsten und tiefsten Punkt n (Abb. 36) die Schubspannung gleich Null und im *Mittelpunkt* des Querschnittes am größten. Dort begann der Bruch.

Die Größtspannung betrug das $\frac{3}{2}$ fache der durchschnittlichen Schubspannung. Der Malwert (Faktor) $\frac{3}{2}$ gilt nur für kreisförmige und rechteckige Querschnitte. Er läßt sich mathematisch ableiten. Darauf soll verzichtet werden zugunsten wichtigerer Formeln.

Biegt man einen steifen Pinsel hin und her, so spaltet er mehrfach auf. Schließlich ist er wieder ganz geschmeidig. Alle Borsten verschieben sich gegeneinander.

Ein hölzerner Balken besteht aus unzähligen Fasern. Wird er verbogen, so möchten sich die Fasern ebenfalls gegenseitig verschieben. In Richtung der Fasern entstehen also Schubspannungen.

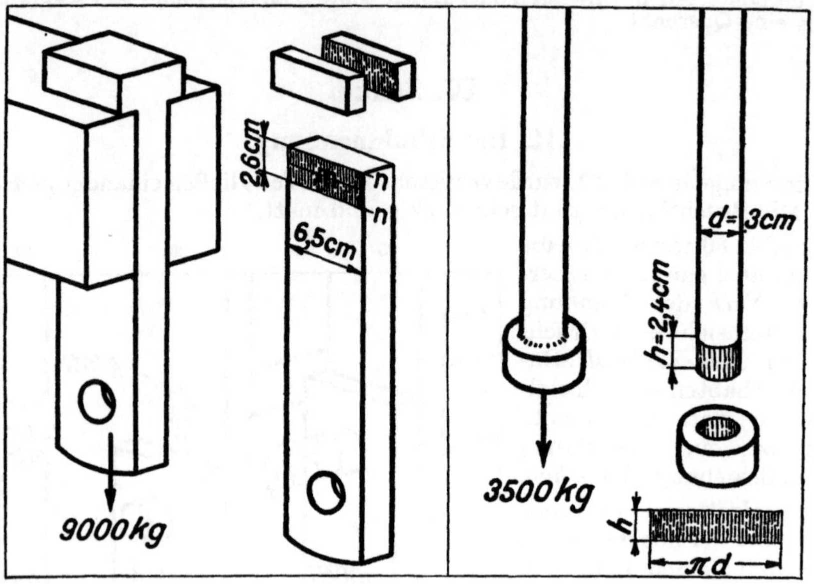

Abb. 38 und 39.

In Abb. 38 herrschte die *größte* Schubspannung nicht nur in *einem*, sondern in *jedem* Punkt der Mittellinie *m*, weil die rechteckige Bruchfläche überall gleich hoch ist im Gegensatz zur kreisförmigen. Aus demselben Grunde war in *jedem* Punkt der Kanten *n* die Schubspannung gleich Null.

Aufg. 20. Berechne die durchschnittliche Schubspannung für Abb. 38. Der Bruch würde gleichzeitig an zwei Stellen erfolgen. Einen solchen Bauteil nennt man „zweischnittig".

$$F = 6{,}5 \cdot 2{,}6 = 16{,}9 \text{ cm}^2$$

Auf *eine* Bruchfläche entfallen 9000 : 2 = 4500 kg.

$$\tau = \frac{P}{F} = \frac{4500}{16{,}9} = 266 \text{ kg/cm}^2$$

In jedem Punkt der Mittellinie *m* beträgt die Schubspannung $1{,}5 \cdot 266 = 399$ kg/cm².

Nun betrachte Abb. 39. Der Kopf der Stange könnte von der Last abgestreift werden, als wenn ein Korken aus der Flasche gleitet. Die Bruchfläche würde ein Rechteck bilden mit einer Grundlinie von $\pi \cdot 3 = 9{,}42$ cm und einer Höhe von 2,4 cm.

$$F = 9{,}42 \cdot 2{,}4 = 22{,}6 \text{ cm}^2 \qquad \tau = \frac{3500}{22{,}6} = 155 \text{ kg/cm}^2$$

13. Niete.

Die Platte in Abb. 40 ist ein Teil des Gehänges in Abb. 10. Sie war mit den U-Eisen vernietet. Jetzt gleitet sie hinab. Jeder Niet wurde gleichzeitig an zwei Stellen zerstört. Das zeigt Abb. 41. Die Bruchstücke schoben sich einige Augenblicke aneinander vorbei. Sie schabten sich glatt. Die Niete wurden also durch Schub zerstört.

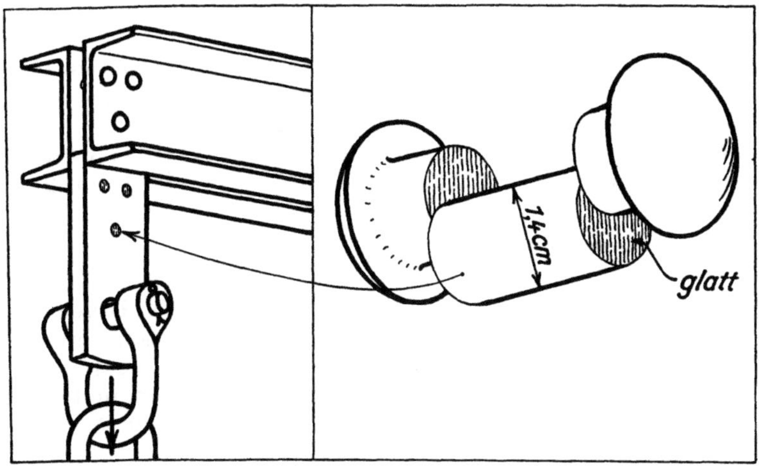

Abb. 40 und 41.

Aufg. 21. Berechne die Schubspannung der Niete, als an der Platte 2000 kg hingen (wie in Abb. 10).

Es entstehen 6 Schnitte auf einmal. *Ein* Schnitt wird verursacht durch 2000 kg : 6 = 333 kg.

$$F = \frac{\pi}{4}\, 1{,}4^2 = 1{,}54 \text{ cm}^2 \qquad \tau = \frac{P}{F} = \frac{333}{1{,}54} = 216 \text{ kg/cm}^2$$

Im Mittelpunkt des Querschnittes herrscht eine Schubspannung von $1{,}5 \cdot 216 = 324$ kg/cm². —

Die Bleche eines Dampfkessels dürfen in der Nietnaht nicht im geringsten aufeinander gleiten. Sonst würde sie sofort undicht. Die Niete sollen die Bleche gehörig zusammenpressen, damit genügend Reibung entsteht. Deshalb muß die Zugspannung in einem erkalteten Kesselniet viel stärker sein als in einem Brückenniet.

Niete werden erst dann durch Schub und Leibungsdruck beansprucht, wenn die Bleche sich gegenseitig verschoben haben. Das darf im Kesselbetrieb nie eintreten.

14. Der Schubversuch.

Die Bruchspannung infolge Schub wird *Schubfestigkeit* genannt und abgekürzt mit τ_B. Der Probestab für den Schubversuch besitzt meistens einen kreisförmigen Querschnitt und wird wie der zweischnittige Niet in

Abb. 41 zerstört. Ein Kraftmesser zeigt die Größtlast an. Unter Schubfestigkeit versteht man den Betrag

$$\tau_B = \frac{\text{Größtlast}}{2F}.$$

Dieser Wert stellt die *durchschnittliche* Bruchspannung dar. Sie war im Mittelpunkt des Querschnittes größer, weil sich Schub ohne Biegung nicht verwirklichen läßt. Reinen Schub verhindert außerdem der unvermeidliche Leibungsdruck.

Die Stange in Abb. 37 zerriß infolge einer 35000 kg schweren Last. Abgeschert wurde dieselbe Stange gemäß Abb. 36 bereits durch 28000 kg. Die Schubfestigkeit τ_B ist also geringer als die Zugfestigkeit σ_B desselben Werkstoffes. Für Stahl gilt

$$\tau_B \approx 0,8\,\sigma_B.$$

Um den Sicherheitsgrad eines Bauteiles gegen Abscheren zu berechnen, genügt es, seine *durchschnittliche* Schubspannung zu bestimmen, da auch τ_B die durchschnittliche Bruchspannung bedeutet.

Das Rundeisen in Abb. 35 besitzt eine Schubfestigkeit von 3200 kg/cm². Seine durchschnittliche Schubspannung wurde auf Seite 17 zu 212 kg/cm² berechnet. Also gewährt es eine

$$\nu = \frac{\tau_B}{\tau} = \frac{3200}{212} = 15,1 \text{ fache Sicherheit gegen Abscheren.}$$

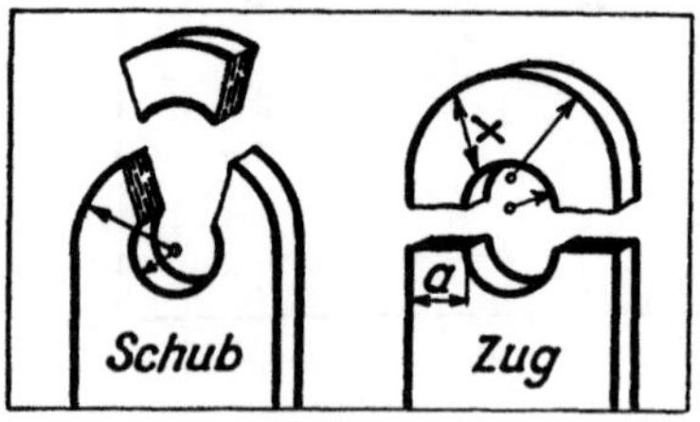

Abb. 42.

Betrachte Abb. 42. Der Bruch der linken Lasche erfolgte vorwiegend durch Schub. Besser gestaltet ist die rechte Lasche. Sie wurde durch Zug zerstört und nutzte deshalb den Werkstoff gründlicher aus als die linke Lasche, denn $\sigma_B > \tau_B$.

Damit ein Bruch durch Zug eintritt, muß x (die mutmaßliche Bruchkante infolge Schub) größer als a sein, und zwar mindestens so groß, daß sich etwa verhält

$$x : a = \sigma_B : \tau_B.$$

Deshalb fallen in Abb. 42 (rechts) die Krümmungsmittelpunkte *nicht* zusammen.

15. Das Stanzen.

Der Lochstempel in Abb. 43 schiebt aus dem U-Eisen einen niedrigen Pfropfen mit großer Gewalt heraus.

Aufg. 22. Welche Kraft ist dazu nötig, wenn die Schubfestigkeit 2960 kg/cm² beträgt? (Es handelt sich übrigens um das U-Eisen des Gehänges in Abb. 10.)

$$F = \pi \cdot 1,4 \cdot 0,75 = 3,3 \text{ cm}^2$$

Aus $\tau = \frac{P}{F}$ folgt $P = \tau \cdot F$

$$P = 2960 \cdot 3,3 = 9768 \text{ kg}.$$

Schlage Abb. 10 auf. Eine über doppelt so große Last, wie dort hängt, ist nötig, um den kaum fingerhutgroßen Pfropfen aus dem U-Eisen mit *einem* Ruck herauszuschneiden.

Aufg. 23. Berechne die Druckspannung zwischen Stempel und U-Eisen.

$$F = \frac{\pi}{4} \cdot 1{,}4^2 = 1{,}54 \text{ cm}^2 \qquad P = 9768 \text{ kg}$$

$$\sigma_d = \frac{P}{F} = \frac{9768}{1{,}54} = 6340 \text{ kg/cm}^2$$

In Abb. 44 verhalten sich die Durchmesser und somit auch die Umfänge der Kreise wie 1 : 2 : 3, ihre Flächeninhalte aber wie 1 : 4 : 9. *Der Inhalt wächst also viel rascher als der Durchmesser!*

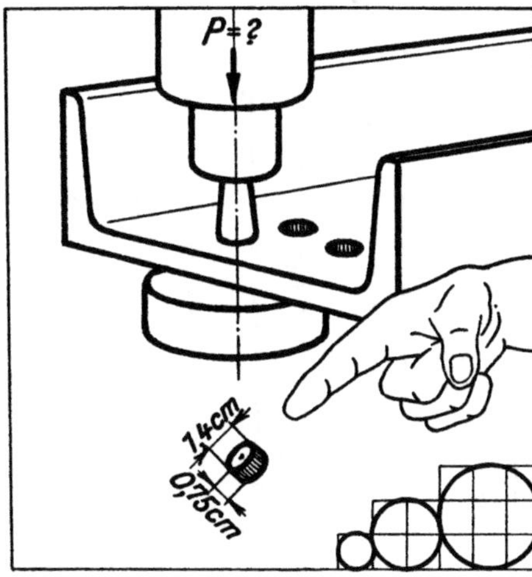

43

44

Abb. 43 und 44.

Soll ein Loch mit doppelt so großem Durchmesser wie in Abb. 43 gestanzt werden, so muß P auch das Doppelte betragen, gleiches Blech vorausgesetzt. Dann verteilt sich die doppelte Last auf die vierfache Kreisfläche, und die Druckspannung (soundsoviel kg auf 1 cm²) beträgt die Hälfte.

Je geringer die Blechdicke ist im Verhältnis zum Lochdurchmesser, desto geringer ergibt sich die Druckspannung des Stempels.

Aufg. 24. Eine Lochstanze vermag einen Druck auszuüben von 27000 kg. Sie soll Stahlblech von 0,6 cm Dicke lochen. Wie groß darf der Lochdurchmesser höchstens sein, wenn $\tau_B = 2640$ kg/cm²?

$$\text{Aus} \qquad \tau = \frac{P}{F} \quad \text{folgt} \quad F = \frac{P}{\tau} = \frac{27000}{2640} = 10{,}23 \text{ cm}^2$$

$$\pi \cdot d \cdot 0{,}6 = 10{,}23$$

$$\pi\, d = 17{,}05$$

$$d = 5{,}43 \text{ cm.}$$

Soll die Druckspannung, die der Lochstempel auf dem Blech erzeugt, gleich der durchschnittlichen Schubspannung sein, so gilt für die herausgestanzte Walze

Stirnfläche (Kreis) = Mantelfläche (Rechteck)

$$\frac{\pi}{4} d^2 = \pi d \cdot s$$

$$d = 4s.$$

Die Blechdicke darf also nur $\frac{1}{4}$ des Lochdurchmessers betragen.

Wäre in Abb. 39 $h = d$, so betrüge die Schubspannung $\frac{1}{4}$ der Zugspannung. Der Sicherheitsgrad gegen Zerreißen wäre aber mehr als 4mal so groß wie der gegen Abscheren, da $\sigma_B > \tau_B$.

Eine zu niedrige Schraubenmutter könnte die Gewindegänge vom Kern abstreifen, also abscheren. Die Mutter in Abb. 13 entspricht den Dinormen. Ihre Höhe beträgt $\frac{8}{10}$ des äußeren Gewindedurchmessers. Ein Schraubenbolzen mit einer so hohen Mutter zerreißt, bevor das Gewinde abgeschert wird.

V. Die Kerbe.

16. Ruhende Last.

Spanne einen dicken Draht in den Schraubstock. Sein freies Ende biege hin und her. *Endlich* bricht der Draht. Er ist also sehr zähe.

Jetzt kerbe denselben Draht mit der Feile rundum ein wenig ein. Bis zur Kerbe spanne ihn wiederum in den Schraubstock. Diesmal bricht der

45

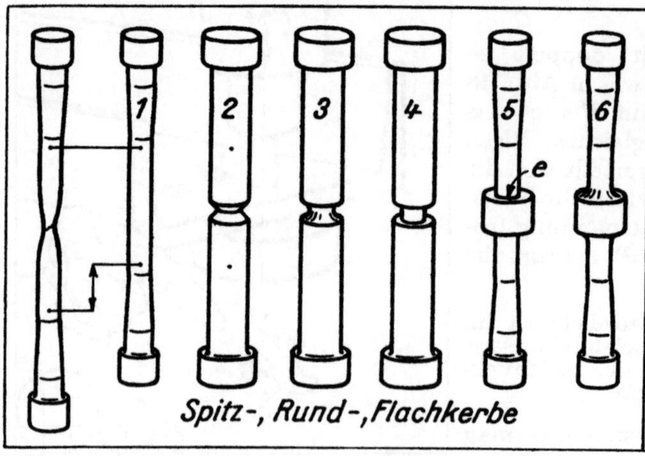

46 47

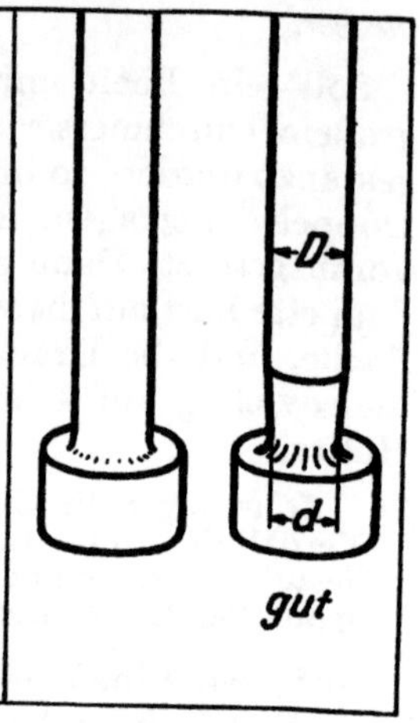

Abb. 45—47.

Draht so schnell, als wäre er spröde. *In einer Kerbe verhält sich also ein zäher Werkstoff wie ein spröder!*

Alle Probestäbe in Abb. 45 stammen aus derselben Stange. Stab 1 hat normale Gestalt. Wird dieser *langsam* zerrissen, so entsteht eine *ruhende* (statische) Belastung. Der Abstand der Marken nimmt bedeutend zu auf Kosten der Querschnitte. Dieser Stab änderte seine Form (Länge, Durchmesser) beträchtlich, bevor er riß. Der Werkstoff ist also sehr zähe.

Jetzt werde Stab 2 zerrissen. Allmählich wächst die Kraft. Der Markenabstand dehnt sich diesmal fast gar nicht. Plötzlich reißt der Stab in der Kerbe durch. Er änderte seine Form nur sehr wenig. Die Kerbe stellt von vornherein eine starke Einschnürung dar. Deshalb vermochte sich dort der Stab nicht noch mehr einzuschnüren. Die Eisenkörnchen konnten nicht wie Sand durcheinander fließen. Stab 2 mußte sich folglich im Kerbgrunde als spröde erweisen, obwohl *derselbe* Werkstoff in Gestalt des Stabes 1 zähe ist. Der gekerbte Stab riß *plötzlich* und fast *ohne* Formänderung, der glatte riß *allmählich* und *mit* bedeutender Formänderung.

Spitz- und Flachkerben hemmen das Fließen mehr als Rundkerben. Darum ist der Werkstoff in einer Rundkerbe am zähesten. *Diese stört den „Kraftstrom" am wenigsten.*

Betrachte Stab 5. Die scharfe, „einspringende" Ecke *e* wirkt auch wie eine Kerbe. Dort ändert sich der Flächeninhalt benachbarter Querschnitte außerordentlich schroff. In solchen Ecken wird folglich der sonst so zähe Werkstoff spröde sein und leicht Risse bilden. Die Hohlkehlen an Stab 6 vermitteln einen möglichst allmählichen, *stetigen* Übergang. Sie verringern die schädliche Wirkung der Kerbe bedeutend.

Macht man die Hohlkehle in Abb. 46 größer, so wird die Tragfläche des Kopfes zu schmal. Besser gestaltet ist der benachbarte Kopf in Abb. 47. Dessen große Hohlkehle mildert die Sprödigkeit in der einspringenden Ecke erheblich. Das kommt der Sicherheit mehr zugute, als wenn der Stangenschaft nicht von D auf d verjüngt worden wäre! —

Schmiedet man Stahl in zu dunkler Glut, so bilden sich haarfeine Risse oder Spalten. Diese schaden am meisten, wenn sie *quer zum Kraftstrom* liegen. Dann wird der nutzbare Flächeninhalt des Querschnittes sehr verringert. Unmittelbar diesseits und jenseits des Risses besitzt der Querschnitt wieder seine ursprüngliche Größe. Ein solcher Schmiederiß erzeugt

48 49 50

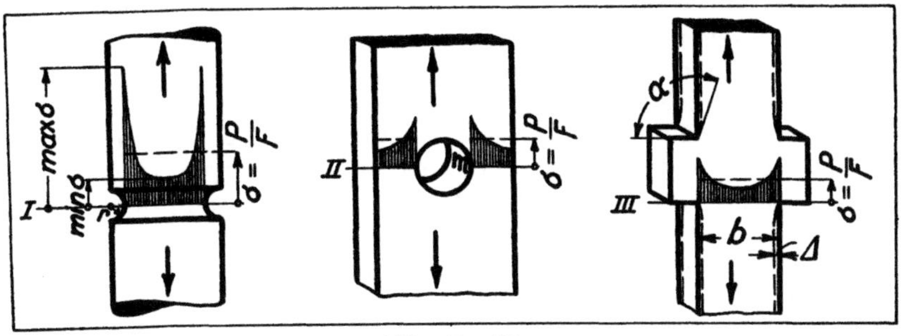

Abb. 48—50.

also eine ganz besonders heftige Kerbwirkung. Er stört den Kraftstrom gewaltig und macht dort den Stahl sehr spröde.

Eine Kerbe, die so scharf ist wie ein Schmiederiß, läßt sich künstlich, z. B. durch Feilen, gar nicht herstellen.

In einem Kesselniet muß eine stärkere Zugspannung herrschen als in einem Brückenniet. Ist die einspringende Ecke zwischen Kopf und Schaft scharf, so entstehen dort sehr leicht Risse infolge der Kerbwirkung. Die Nietköpfe springen ab, obwohl der Werkstoff sonst sehr zähe ist. Darum werden im Kesselbau die Ränder der Nietlöcher versenkt, im Brückenbau nur entgratet. Hierdurch erhalten Kesselniete zwischen Kopf und Schaft einen kegelstumpfförmigen Übergang.

Betrachte Abb. 48. Für den engsten Querschnitt I ergibt die Rechnung $\sigma = \frac{P}{F}$ nur die *durchschnittliche* Spannung. Wird nämlich die Kerbe durch Zug beansprucht, so wächst ihr Halbmesser r. Die Kerbe *biegt auf*. Dadurch entstehen am Umfange des Querschnittes I *zusätzliche Zugspannungen*. Also muß dort die größte Spannung ($\max \sigma$) herrschen. Die kleinste Spannung ($\min \sigma$) entsteht im Mittelpunkt des Querschnittes.

Auf dessen Durchmesser wurden etliche Lote errichtet. Ihre oberen Endpunkte deuten den Verlauf der Zugspannung an. Je schärfer die Kerbe, desto größer ist $\max \sigma$ im Verhältnis zu $\min \sigma$.

Wird die Kerbe durch Druck beansprucht, so nimmt r ab. Dadurch entstehen zusätzliche Druckspannungen. Der Verlauf der Druckspannung vom einen Ende des kleinsten Durchmessers bis zum anderen gleicht dem für Zug in Abb. 48.

Ist $\sigma = \frac{P}{F}$ klein genug, so überschreitet dennoch max σ sehr leicht die zulässige Spannung. Infolgedessen reißt ein gekerbter Stab zuerst am *Umfange* des Querschnittes ein.

Auch Löcher oder Gußblasen wirken wie Kerben. Für den Querschnitt II in Abb. 49 ergibt deshalb $\sigma = \frac{P}{F}$ wiederum nur die durchschnittliche Spannung. Erfährt das Flacheisen Zug oder Druck, so wird die Lochwand bei *m* flacher oder gekrümmter. Hier entstehen zusätzliche Zug- oder Druckspannungen. Deshalb ist die Spannung im Querschnitt II auch sehr ungleichmäßig. Das wurde in Abb. 49 in der bekannten Weise angedeutet.

Das Loch staut den Kraftstrom, wie etwa ein runder Brückenpfeiler das Wasser.

Siehe Abb. 50. Genügend weit von den Knaggen entfernt, kann sich das Flacheisen ungehindert quer zusammenziehen. Dort vermindert sich *b* um 2Δ. In den einspringenden Ecken ist $\Delta = 0$. Hier tangiert der eine Schenkel des Winkels α die gestrichelte Linie.

Weil ursprünglich $\alpha = 90^0$, wurden die einspringenden Ecken aufgebogen. Dort herrschen also zusätzliche, lotrechte Zugspannungen.

Kerben wirken spannungerhöhend!

17. Ebene und räumliche Beanspruchung.

Siehe Abb. 51. Platte 1 schnürt sich in waagerechter Richtung gehörig ein, wenn die Spannung zu stark wird. Dieser Formänderung wirken an Platte 2 die hinzugefügten, waagerechten Zugspannungen entgegen. Eine ebene Zugbeanspruchung hindert also die Eisenkörnchen sehr, wie Sand durcheinander zu fließen.

Erweist sich ein Werkstoff im *linearen* (einfachen) Spannungszustand als zähe, so muß derselbe Körper infolge *ebenen* Zuges spröde sein, infolge *räumlichen* Zuges (Platte 3) sogar sehr spröde.

Die Knaggen in Abb. 50 verformten (vergrößerten) den Winkel in den einspringenden Ecken. Also üben die Knaggen waagerechten Zug aus. Sie haben im Verein mit der senkrechten Belastung eine ebene Zugbeanspruchung erzeugt. Dadurch ist der sonst so zähe Werkstoff spröde geworden.

Feilt man das punktierte Gebiet in Abb. 52 fort, so kann sich der Stab wesentlich besser einschnüren als vorher. Er ist dann weniger spröde.

Der punktierte *Hemmungsstoff* erzeugt starke waagerechte Zugspannungen wie die Knaggen in Abb. 50. Daher erleidet die Kerbe in Abb. 52 *ebenen* Zug. Dort verhält sich der ursprünglich zähe Werkstoff wie ein spröder.

Die Kerbe in Abb. 53 bewirkt sogar eine *räumliche* Zugbeanspruchung. Folglich ist dort der ehemals zähe Stab besonders spröde und brüchig geworden.

Trägt eine Kerbe wie in Abb. 54 eine drückende Last, so erzeugt der Hemmungsstoff ebenfalls zusätzliche, waagerechte Druckspannungen. Dann herrscht in der gekerbten Zone eine räumliche Druckbeanspruchung. Diese *verbessert die Zähigkeit*, weil räumlicher Zug sie verschlechtert.

Kerben sind also am gefahrvollsten, wenn sie durch Zug beansprucht werden.

Ein an beiden Enden verschlossenes Kupferrohr ist mit Wasser gefüllt. Außerdem befindet sich darin ein spröder Körper, z. B. ein kugeliges Stück Marmor. Wird das Rohr an irgendeiner Stelle breit gequetscht, so entsteht eine gewaltige Wasserspannung. Die Kugel erleidet allseitigen, gleich starken Druck. Sie befindet sich in einem räumlichen Spannungszustand.

Mit dem Rohr läßt sich gleichzeitig auch die Kugel völlig breitquetschen. Aus der Kugel entsteht eine dünne Platte. Wir nehmen sie heraus. Sie zeigt *keinerlei Risse*. So knetbar machen räumliche Druckspannungen einen spröden Stoff! Eine umgekehrte Wirkung erzeugt räumlicher Zug!

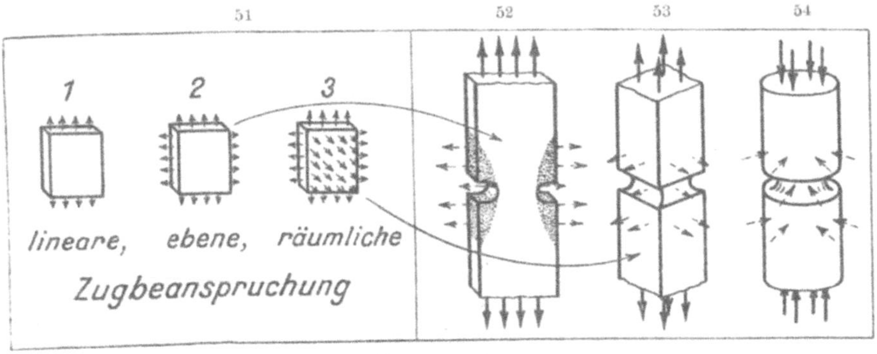

Abb. 51—54.

Wirft man einen Stein ins Meer, so nimmt seine Sprödigkeit um so mehr ab, je tiefer er fällt. An den tiefsten Stellen des Ozeans herrscht eine Wasserspannung von $\approx$ 1000 kg/cm². — Die Kugel in Abb. 18 erleidet im Mittelpunkt des winzigen Berührungskreises *räumlichen* Druck.

Der kleinste Durchmesser des Stabes 1 in Abb. 45 ist gleich dem kleinsten Durchmesser des Stabes 2. Beide bestehen aus demselben Werkstoff. Der gekerbte Stab erfordert aber zum Durchreißen eine etwa 1,5 mal so schwere Last wie der ungekerbte, weil der Hemmungsstoff die Eisenkörnchen zusammenhält. *Eine Kerbe erhöht also die Zugfestigkeit, aber leider sehr auf Kosten der Zähigkeit!*

Ein Trommelfell wird durch *ebenen* Zug beansprucht. Darum platzt es leichter, als wenn es nur linear gespannt wäre wie etwa ein Riemen. Aus demselben Grunde erweist sich das Mantelblech eines Kessels (Abb. 34) im Betriebe weniger zähe als im linearen Zerreißversuch.

Abb. 122 zeigt die Schwungscheibe (nicht Seilscheibe) für die elektrische Förderanlage eines Bergwerkes. Das Rad besitzt keine Speichen, sondern ist vollwandig. Sobald die Förderkörbe still stehen, wird die überschüssige Leistung in die Schwungscheibe geleitet. Infolgedessen dreht sie sich immer schneller. Das Rad gibt die aufgespeicherte Leistung wieder ab, während das Förderseil läuft. Dann dreht sich die Schwungscheibe immer langsamer.

Sie muß häufig stark gebremst werden. Dadurch erwärmt sich ihr äußerer Kranz bedeutend. Er wird weiter und möchte sich von der noch kalten Scheibe trennen. Folglich entstehen in der Scheibe ebene Zugspannungen wie in einem Trommelfell. Diese wachsen zuweilen bis 4000 kg/cm² an.

Befindet sich zwischen Kranz und Scheibe eine scharfe, einspringende Ecke, so wirkt diese wie eine Kerbe. Dort könnten die Wärmespannungen sehr leicht einen Anriß herbeiführen. Deshalb ist an dieser Stelle eine möglichst große Hohlkehle äußerst wichtig, damit der Werkstoff genügend zähe bleibt. —

Ein Gußstück kühlt sich in der Sandform verschieden schnell ab. Dadurch entsteht in vielen Punkten *räumlicher* Zug. Dieser kann sehr stark sein und den zähesten Werkstoff ganz spröde machen. Dann reißt und springt das Gußstück schon, wenn es z. B. von der Werkbank fällt.

Zu den errechneten Spannungen eines Gußstückes treten also noch Wärmespannungen. Darum ist der wirkliche Sicherheitsgrad geringer als der errechnete.

Stahlflaschen werden häufig gedankenlos gestempelt, indem man Nummern und Buchstaben darauf schlägt. Hierdurch wird die Wand stellenweise etwas dünner. Bedeutend schlimmer ist aber die Kerbwirkung der eingeschlagenen Zeichen. In derem Grunde wurde der Werkstoff spröde. Deshalb sind schon viele Flaschen zerknallt.

18. Schlagende Last.

Wird Stab 1 in Abb. 45 nicht allmählich zerrissen, sondern plötzlich, so entsteht eine *schlagende* (dynamische) Belastung. Dann haben die Eisenkörnchen viel zu wenig Zeit, um wie Sand durcheinander zu fließen. *Darum reißt der zähe Werkstoff, als wäre er spröde.* Noch viel spröder erweist sich ein *gekerbter* Stab im Schlagzugversuch.

Wenn die Last schlagartig auftritt, bergen die Kerben die größte Gefahr. Dort erzeugen die Schläge feine, unscheinbare Risse, oder bereits vorhandene Risse (Schmiederisse) breiten sich weiter aus.

Rundgewinde wird durch die Kerbwirkung weniger gefährdet als Spitzgewinde. Deshalb verwendet man Rundgewinde für die schlagartig beanspruchten Schraubenkupplungen der Eisenbahnwagen und für Kranhaken. *Feingewinde ist gegen Schläge weniger empfindlich als Grobgewinde.*

Es bilden sich um so seltener Risse, je sorgfältiger man den Kerbgrund glättet, schleift oder poliert. Mit stumpfem Werkzeug und ohne Schmiermittel geschnittenes Gewinde ist längst nicht so widerstandsfähig gegen Schläge als Gewinde ohne jegliche Drehriefen. *Rauhe Kerben sind bedeutend gefahrvoller als glatte!* Eine im Grunde geglättete Kerbe hält besser, als wenn sie weniger tief, aber rauh wäre. Dies sollte viel mehr beachtet werden.

Wenn die Last ruckweise wirkt, neigen auch gestanzte oder mit stumpfem Bohrer hergestellte Löcher sehr dazu, in der Lochwandung Risse zu bilden. Solche Löcher müssen zuvor mit scharfen Reibahlen geglättet werden.

Benachbarte Querschnitte dürfen nur stetig ihre Gestalt und Größe ändern. Einspringende Ecken sind mit möglichst großen, glatten Hohlkehlen auszufüllen.

Erfolgt die Belastung stoßweise, so wirkt eine Kerbe viel mehr spannungerhöhend, als wenn die Last allmählich eintritt. —

Als der Schraubenbolzen in Abb. 55 eine schlagartig wirkende Last aufnahm, riß er im Gewinde ab infolge der berüchtigten Kerbwirkung. Man baute einen gleichartigen, neuen Bolzen ein. Auch dieser riß. Erst der viel dünnere Bolzen in Abb. 56 hielt. Dessen Zugspannung und Länge sind bedeutend größer als vorher. Deshalb federte der lange und dünne Bolzen mehr als der kurze und dicke.

Der schlanke Bolzen schwächte den harten Schlag ganz bedeutend ab.

Die langen Förderseile der Bergwerke federn so stark, daß man von einem „Seiltanz“ redet. Der schwere Förderkorb schwingt deutlich auf und ab.

Wenn die Bolzen in Abb. 55 und 56 eine gleich schwere, aber ruhende Last tragen sollen, gewährt der dicke die größere Sicherheit. Dann ist dessen Starrheit nicht schädlich. —

Eine stoßweise auftretende Last gefährdet das Werkstück *doppelt so stark* wie eine gleich schwere, ruhende Belastung! Deshalb ist im ersten Fall die zulässige Spannung entsprechend geringer zu wählen als im zweiten.

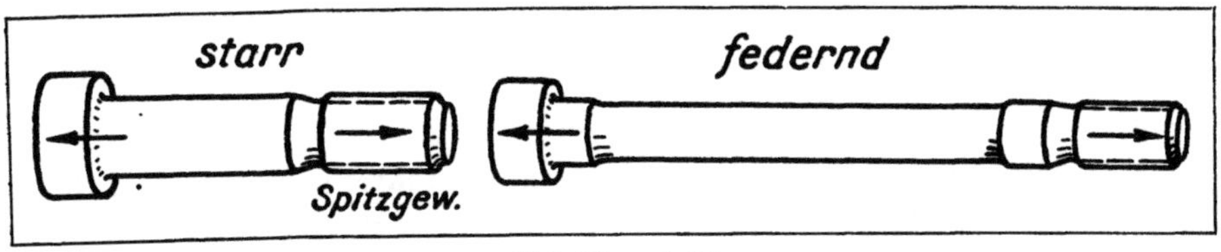

Abb 55 und 56.

Die Dinormen schreiben für Ketten eine 8fache Sicherheit gegen Zerreißen vor, wenn die Last ruckweise wirkt, dagegen nur eine 4fache Sicherheit, falls ruhende Belastung vorliegt. —

Ob der Werkstoff im Kerbgrund genügend zähe ist, um einer schlagenden Belastung zu widerstehen, prüft man im *Kerbschlagversuch*. Dieser gestattet, die Kerbzähigkeit verschiedener Werkstoffe miteinander zu vergleichen.

VI. Der Dauerbruch.

19. Ursache.

Im untersten Querschnitt der Abb. 57 ist die Zugspannung überall gleich stark. Das soll die überall gleich dicke, walzenförmige Platte andeuten. Sie werde Spannungskörper genannt. Im unteren Querschnitt herrscht linearer Zug. Dort ist $\sigma < \sigma_S$. Also wird dort die Stange nicht überanstrengt.

Im Mittelpunkt des oberen Querschnittes befindet sich ein Schlackenkörnchen. Es wirkt wie eine Kerbe und erzeugt räumlichen Zug. Am Rande der Schlacke ist die lotrechte Spannung bedeutend größer als im unteren Querschnitt. Von der Mitte des oberen Querschnittes nach außen sinkt die Spannung außerordentlich rasch. Das veranschaulicht die Spitze des zugehörigen Spannungskörpers.

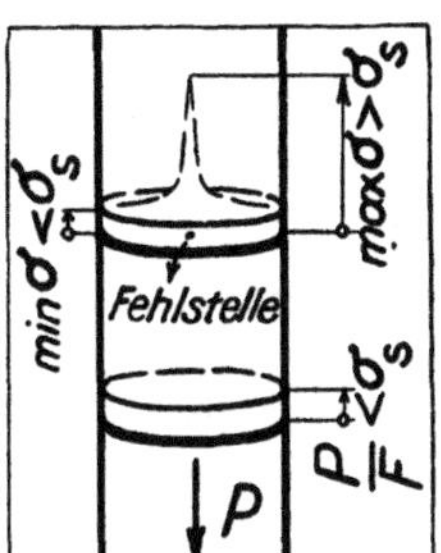

Abb. 57.

Die *durchschnittliche*, lotrechte Spannung im oberen Querschnitt ist ebenso groß wie die Spannung im unteren Querschnitt. Deshalb besitzen beide Spannungskörper denselben Rauminhalt.

Die Spannung am Rande des Schlackenkornes überschreitet sehr leicht die Streckgrenze. Dort gibt ein genügend zäher Werkstoff nach, ohne zu reißen. —

Biegt man einen Draht hin und her, so verwandelt sich seine Zähigkeit nach und nach in Sprödigkeit. Er bricht schließlich wie ein spröder Stoff.

Wird also der Rand der Fehlstelle in Abb. 57 *fort-*

gesetzt abwechselnd überspannt und entspannt, so ist die *Zähigkeit bald gänzlich aufgezehrt.* Der Werkstoff wird immer spröder und reißt schließlich ein. Dadurch entsteht eine noch heftigere Kerbwirkung als vorher. Weil am Rande des Schlackenkornes eine räumliche Zugbeanspruchung vorlag, war dort die Zähigkeit der Stange schon von Anfang an am geringsten.

Der Anriß liegt in der Ebene des Querschnittes, also *quer zum Kraftstrom.* Infolge eines *andauernden* Spannungswechsels breitet sich der Riß unaufhaltsam immer weiter aus.

Die Stange kann also infolge des Schlackenkornes sogar dann reißen, wenn die *durchschnittliche* Spannung $\sigma = \frac{P}{F}$ unterhalb σ_S liegt *und* dauernd zwischen den Grenzen $\frac{P}{F}$ und 0 schwankt!

Ist dagegen die Spannung der Stange während ihrer ganzen Lebensdauer nahezu unveränderlich, so schadet die einmalige Spannungserhöhung durch das Schlackenkorn nichts. Diese gleicht sich aus.

58

59

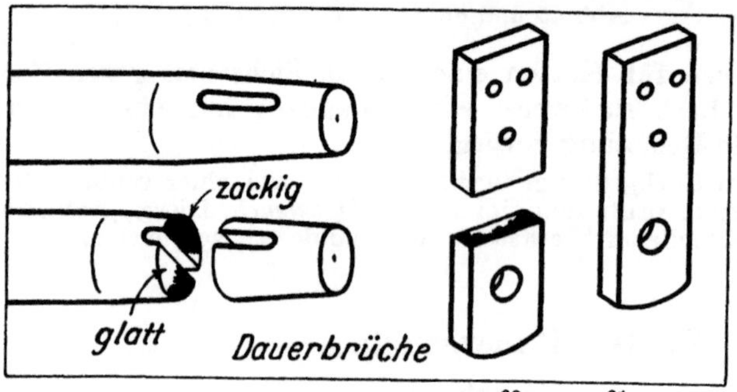

Abb. 58—61. 60 61

Eine Fehlstelle birgt erst dann eine große Gefahr, wenn sie nicht durch eine ruhende (statische), sondern durch eine wechselnde (dynamische) Last beansprucht wird. In den allermeisten Fällen, z. B. infolge Erschütterungen, erleidet der Werkstoff andauernden Spannungswechsel. —

Abb. 58 zeigt *das* Ende einer Lokomotiv-Kolbenstange, das mit dem Kreuzkopf durch einen Keil verbunden ist. In der Kolbenstange wechseln Zug und Druck dauernd ab. Ihre Spannung schwankt also fortgesetzt zwischen einem positiven und negativen Größtwert. Die Kolbenstange lief jahrelang einwandfrei. Währenddessen haben die aus $\sigma = \frac{P_1}{F}$ und $\sigma_d = \frac{P_2}{F}$ errechneten Größtspannungen die Grenzen σ_S und σ_{-S} nie überschritten.

Als die Maschine nur zwei leere Güterwagen zog, riß die Stange wie in Abb. 59. Man legte die Bruchflächen ineinander. Ihre Umgebung war nicht im geringsten eingeschnürt. Die Kolbenstange brach wie Glas, obwohl sie sich nach dem Bruch hin und her biegen ließ. *Zähe Werkstoffe erweisen sich also als spröde, wenn ihre Spannung andauernd schwankt!*

In der Bruchfläche entdeckte man ein unscheinbares Schlackenkorn. Dies wirkte wie eine Kerbe. An derem Rande wurde fortgesetzt die Fließgrenze (Streck- und Quetschgrenze) überschritten. Hier begann das Dauerwerk der Zerstörung. Hier wurde der Werkstoff immer spröder. Ein Anriß entstand. Dieser wuchs nach jedem Spannungswechsel und erzeugte eine immer heftigere Kerbwirkung. Die Flächen des Spaltes arbeiteten gegeneinander. Sie schlugen sich glatt und wurden feinkörnig.

Nachdem die Spannung millionenfach ihre Richtung gewechselt hatte, riß der Rest des schadhaften Querschnittes auf einmal. Dies Gebiet mußte grobkörnig bleiben (in der Abb. schwarz gezeichnet). Man spricht von einem *Dauerbruch*.

Ist der Werkstoff während der Betriebspausen spannungslos, so erholt er sich leider nicht von der vorherigen Anstrengung wie etwa ein Pferd, denn ein bereits erfolgter Anriß bleibt bestehen. Der Werkstoff ermüdet also nicht im eigentlichen Sinne des Wortes. Deshalb ist es sprachlich verfehlt, den Dauerbruch als Ermüdungsbruch zu bezeichnen. Dies geschieht noch häufig. —

Die Platte in Abb. 61 trägt in Abb. 10 ihre Probebelastung. Im kleinsten Querschnitt (Abb. 5) errechneten wir eine Zugspannung von 200 kg/cm². Die Zugfestigkeit des Werkstoffes beträgt etwa das 20fache. Also gewährt die Platte während der Probebelastung eine etwa 20fache Sicherheit gegen Zerreißen. Dieser Sicherheitsgrad ist während des täglichen Gebrauches noch viel größer, weil dann die Lasten viel kleiner sind. Dennoch riß die Platte, aber nicht im kleinsten Querschnitt, sondern im größten (Abb. 60). Wie ist das möglich?

Die Bruchfläche zerfällt deutlich in ein feinkörniges, altes, in der Abb. weiß dargestelltes und in ein grobkörniges, neues, schwarz gezeichnetes Gebiet. An der feinkörnigsten Stelle zeigte sich ein kaum sichtbarer Schmiederiß quer zum Kraftstrom. Dieser Riß breitete sich unaufhaltsam immer weiter aus infolge der fortgesetzt ruckweise wiederkehrenden Belastung durch die starre Kette. Schließlich trug nur noch etwa ein Viertel des ursprünglichen Querschnittes. Plötzlich riß die Platte gänzlich: Es handelt sich um einen Dauerbruch. —

Ein solcher kann also überall eintreten, auch im größten Querschnitt. Zuweilen entwickeln sich in ein und demselben Werkstück gleichzeitig mehrere Dauerbrüche. Wo sich das Gefüge am meisten lockert, erfolgt schließlich die völlige Trennung. Wird jedoch in keinem einzigen Punkt die Fließgrenze überschritten, so ist ein Dauerbruch unmöglich.

Eine dauernd wiederkehrende oder sogar ihre Richtung dauernd wechselnde Belastung erzeugt einen Dauerbruch, eine einmalige dagegen einen *Gewaltbruch*. Dieser erfordert eine gewaltige Last. Eine viel kleinere Belastung vermag in demselben Querschnitt einen Dauerbruch hervorzurufen. Ein Dauerbruch zäher Werkstoffe erfolgt ohne, ein Gewaltbruch mit Formänderung. Ein Gewaltbruch tritt nur im kleinsten Querschnitt ein, ein Dauerbruch auch anderswo. Ein Dauerbruch läßt sich an der eigenartigen Bruchfläche erkennen. Sie zerfällt in ein glattes und rauhes Gebiet. Dagegen wurde die Bruchfläche eines gewaltsamen Bruches nirgends geglättet.

In einer *neuen* Lokomotive braucht man Dauerbrüche noch nicht zu befürchten, wohl aber Gewaltbrüche, wenn sie mit einem anderen Zuge zusammenstößt. *Dauerbrüche kommen viel häufiger vor* als Gewaltbrüche. Der Dauerbruch zäher Werkstoffe macht den Eindruck eines spröden Bruches. Er wird häufig verschuldet durch eine *räumliche Zugbeanspruchung infolge Kerbwirkung*.

Ein Dauerbruch bildet sich ganz allmählich aus. Er wächst unbemerkt, weil der bedrohte Teil seinen Dienst weiter einwandfrei versieht.

Der Dauerbruch ist ein schleichender, häufig jahrelang währender Vorgang. Aber sein *Ende tritt ganz plötzlich* und unerwartet ein. Da warnende Formänderungen nicht entstehen, ahnt man die Gefahr nicht. Deshalb sind Dauerbrüche so verhängnisvoll und gefürchtet, besonders im Verkehrswesen.

Zuweilen läßt sich ein Dauerbruch am erfolgreichsten verhüten, indem man die Querschnitte *verkleinert,* statt vergrößert. Dann federt das Werkstück besser. Es dämpft die Schläge. Das Wesen des Dauerbruches restlos zu klären, ist bis heute noch nicht gelungen.

Eine Wechselbeanspruchung zermürbt den Werkstoff, sobald nur in einigen Eisenkörnchen die Fließgrenze dauernd überschritten wird. Diese Überanstrengung kann verursacht werden:

1. durch Fehler im Gefüge, z. B. durch Schmiederisse, Schlackeneinschlüsse (Sauerstoffverbindungen!), Seigerungen[1]),
2. durch ungünstige Gestaltung, z. B. durch zu kleine Hohlkehlen, durch Nuten, Löcher, überhaupt durch zu schroff abgestufte, unstetige Querschnitte,
3. durch rauhe Oberflächen, Drehriefen, Bohrriefen, Schleifrisse, Polierschrammen, eingeschlagene Kerner oder Buchstaben.

Spannungerhöhend wirken nicht nur die *groben* Kerben, z. B. Nuten, Gewinderillen, Bohrlöcher, Lunker, Schmiederisse, sondern in hohem Maße auch die unscheinbaren, *winzigen* Kerben wie Schleifrisse, Drehriefen, Polierschrammen, Schlackenteilchen, Spalten zwischen den Körnern.

Kerben jeglicher Art sollten ganz besonders dann vermieden werden, wenn sie einer Wechselbeanspruchung widerstehen müssen.

Je glatter die Oberfläche, desto häufiger muß die Spannung wechseln, bis von außen ein Dauerbruch einsetzt. Ist die Oberfläche nicht ganz glatt, so neigt legierter Stahl viel eher zum Dauerbruch als unlegierter.

Die Schwungscheibe in Abb. 122 besteht aus allerbestem, legiertem Stahlguß. Seine Beanspruchung infolge der Fliehkräfte schwankt dauernd. Darum kann eine rauhe Oberfläche den Werkstoff sehr gefährden. Um dies zu verhüten, wurde das Rad allseitig mit feinem Span abgedreht.

Häufig entsteht der Anriß tief im Innern des Werkstückes. Dann bleibt er lange unbemerkt und ist besonders verhängnisvoll. Ein von außen beginnender Dauerbruch wird zuweilen noch rechtzeitig erkannt. Dieser breitet sich häufig nicht weiter aus, wenn man den Hemmungsstoff fortfeilt.

20. Der Dauerversuch.

Während des Zugversuches wächst die Last allmählich. Darum lehrt diese Prüfung nur, ob der Werkstoff brauchbar ist, wenn seine Spannung selten und langsam schwankt (Kesselblech). In manchen Fällen muß der Werkstoff einzelnen, heftigen Schlägen gewachsen sein (Ketten). Das läßt sich durch den Kerbschlagversuch prüfen.

Wenn eine Stahlmarke auf Grund des Zugversuches und des Kerbschlagversuches sehr befriedigt, so ist doch noch fraglich, ob dieser Stahl einer Wechselbeanspruchung auf die Dauer standhält (Kolbenstange). *Das hängt in erster Linie ab von den Schwächestellen,* mögen diese noch so klein sein. Werkstoffe ohne solche verborgenen Fehler zu erzeugen, ist noch nicht gelungen. Deshalb trägt auch der beste Stahl den Keim zum Dauerbruch in sich.

---

1) Wenn flüssiger Stahl an der Wandung der eisernen Form plötzlich abkühlt, wandert ein großer Teil des Kohlenstoffes, Phosphors und Schwefels ins Innere des Blockes. Der Stahl „seigert" und ist schließlich sehr ungleichmäßig zusammengesetzt. (Etwas ähnliches geschieht, wenn man ins kühle Bad springt. Dann zieht sich das Blut auch schleunigst ins Innere des Körpers zurück.)

Der Werkstoff besitzt außer σ_S und σ_B noch eine andere, sehr wichtige, eigentümliche Grenze. Man nennt sie *Dauerfestigkeit*. Liegt die Spannung nur etwas unterhalb dieser Grenze (soundsoviel kg/cm²), so vermag der Werkstoff *unendlich* viele Spannungswechsel zu ertragen, ohne jemals zu brechen. Die Dauerfestigkeit ist geringer als die im Zugversuch ermittelte Streckgrenze.

Man stellt die Dauerfestigkeit mittels besonderer Maschinen in Dauerversuchen fest. Ob ein Dauerbruch eintritt, hängt unter sonst gleichen Umständen davon ab, wie *oft* die Spannung schwankt, nicht wie *schnell*. Man darf also den Dauerversuch abkürzen, indem man in dem Probestab die Spannung viel rascher schwanken läßt als später im fertigen Maschinenteil.[1])

Liegt die Spannung des Probestabes unterhalb der Dauerfestigkeit, so wird er nur elastisch verformt. Infolgedessen erwärmt er sich *überall*. Anders verhält sich der Stab, wenn seine Spannung die Dauerfestigkeit überschreitet. Dann werden *einige* Körnchen dauernd bleibend verformt, also *geknetet*. Diese erwärmen sich viel mehr als die anderen. Hier „arbeitet" der Stahl. An dieser Stelle läuft er außen zuweilen blau an. Dort entwickelt sich der Dauerbruch.

Kleine Fehlstellen, sogar Schrammen an der Oberfläche, die mit unbewaffnetem Auge unsichtbar sind, verringern die Dauerfestigkeit bedeutend, aber die Zugfestigkeit gar nicht. *Nur im Dauerversuch machen sich die unscheinbarsten Fehler deutlich bemerkbar!*

Ein unreiner Stahl, dessen winzigen Fremdstoffe die Dauerfestigkeit bereits erniedrigt haben, ist weniger empfindlich gegen oberflächliche Verletzungen als ein reinerer Werkstoff.

Die Dauerfestigkeit steigt in demselben Maße wie die Streckgrenze und Zugfestigkeit (unter sonst gleichen Umständen). Damit kein Dauerbruch entsteht, ist bei der Wahl der zulässigen Spannung auch zu berücksichtigen, ob der Maschinenteil während seiner ganzen Lebensdauer vielen oder wenigen Spannungswechseln ausgesetzt wird.

Die *wirtschaftlichste* Höhe der Spannung hängt in jedem Fall von anderen Umständen ab. Sie richtig zu schätzen, erfordert große Erfahrung. Sichere Regeln lassen sich hierfür nicht aufstellen.[2])

Wechselt die Spannung z. B. zwischen + 1000 kg/cm² und — 1000 kg/cm², so ist der Werkstoff etwa doppelt so hoch gefährdet, als wenn seine Spannung stets die gleiche Richtung besäße und auch 1000 kg/cm² betrüge. Im ersten Falle dürfte die zulässige Spannung eines Maschinenteils nur halb so stark sein wie im zweiten.

Die Leichtmetalle (Aluminium- und Magnesiumlegierungen) werden den Stahl in vielen Fällen nicht verdrängen können, weil ihre *Dauerfestigkeit* und *Kerbzähigkeit* so gering sind. Auf diese Eigenschaften kommt es aber heutzutage häufig ganz besonders an.

---

1) Ein Dauerversuch ist auf Seite 69 näher erläutert.

2) Über zulässige Spannungen siehe „Hütte", Des Ingenieurs Taschenbuch, Bd. I.

VII. Das Gefüge.

21. Stahl.

Wenn flüssiger Stahl erstarrt, zerfällt er nach und nach in zahllose Körner. Diese *wachsen*, indem die größeren Körner die kleineren verschlingen. Sie werden um so gröber, je länger und heller der Stahl glüht. Abb. 62 zeigt in 100facher Vergrößerung einen Schnitt durch erkalteten Stahl.

Zwischen den Körnern klaffen mehr oder weniger breite Spalten und Fugen. Ferner entdeckt man in allen Körnern etliche Poren. Ohne diese *unvermeidlichen Lockerstellen* zwischen und in den Körnern wäre die Festigkeit bedeutend größer als gewöhnlich! Die Spalten und Poren stören den Kraftstrom und wirken wie Kerben. Sie sind am schädlichsten, wenn eine schwingende (dynamische) Beanspruchung vorliegt. Der Dauerbruch beginnt häufig in einem besonders groben Spalt und schreitet an der Oberfläche der benachbarten Körner fort. Dagegen verläuft ein Gewaltbruch meistens nicht zwischen, sondern durch die Körner.

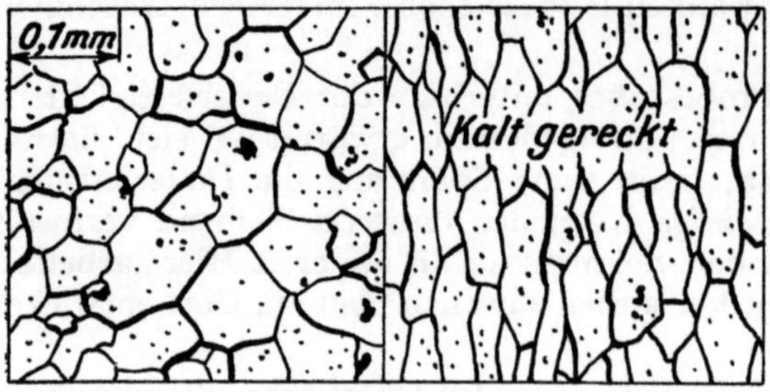

Abb. 62 und 63.

Diese sind nicht nur sehr unregelmäßig gestaltet, sondern auch stofflich ganz ungleich. Etliche Körner bestehen aus *chemisch reinem Eisen*. Dazwischen liegen, mehr oder wenig gleichmäßig verteilt, solche, die *allen Kohlenstoff chemisch gebunden* haben.

Im Gegensatz zum Stahl bildet z. B. das Glas eine völlig einheitliche Masse. Auf den eigenartigen Gefügebau des Stahles sind viele Dauerbrüche zurückzuführen.

Je gröber und ungleichmäßiger das Korn oder Gefüge ist, desto mehr schaden die Spalten und Poren, desto geringer sind Streckgrenze, Zugfestigkeit und Zähigkeit. Man muß daher alles tun, um ein *möglichst feinkörniges und gleichmäßiges Gefüge* zu erzielen. Stahl wird feinkörniger, also *vergütet*, wenn man ihn ausglüht, abschreckt und anläßt. Die Schraubenspindeln der Eisenbahnkupplungen sind z. B. vergütet. Das wohlausgebildetste und allerfeinste Gefüge besitzt legierter Stahl[1]), der vergütet wurde.

Darum erliegt ein Probestab aus legiertem Stahl einem Dauerbruch erst nach viel mehr Schwingungen (Spannungswechseln) als unlegierter Stahl. *Die größte Dauerfestigkeit verbürgt legierter, vergüteter Stahl.*

Dessen Vorteil ist aber mit einem Nachteil verbunden. Wird nämlich durch Vergüten das Korn des Stahles verfeinert, so steigt seine Empfindlichkeit gegen oberflächliche Verletzungen ganz bedeutend.

In der Seigerungszone enthält der Stahl am meisten Fremdstoffe. Darum ist der Kern des Blockes grobkörniger und spröder als der Mantel. Auch hierdurch können Dauerbrüche entstehen. *Legierter Stahl seigert am wenigsten.*

---

1) Das wichtigste Legierungsmetall ist Nickel. Es unterdrückt das Seigern und Altern, sowie das Wachsen der Körner im Glühofen.

Einen Längsschnitt durch einen Probestab für den Zugversuch zeigt Abb. 62. Dies Bild verwandelt sich, während der Stab fließt, nach und nach in Abb. 63. Die Körner werden also *zerkleinert* und in der Fließ- oder Stabrichtung *länglich*.

Wenn man Kesselbleche walzenförmig biegt, Nietlöcher aufdornt, Nietköpfe und Nietnähte verstemmt, Stabeisen blank zieht, krumme Wellen richtet, Schraubenfedern wickelt, wenn man also den *erkalteten Stahl irgendwie bleibend verformt, so ändert sich sein Gefüge gründlich*. Die Störungen an den Korngrenzen verschlimmern sich. Das Gefüge wird verzerrt. Die Körner geraten in eine Zwangslage. Im Gefüge entstehen räumliche Zugspannungen. Diese machen den ehemals zähen Werkstoff mehr oder weniger *spröde*.[1])

Zwei Probestäbe bestanden aus derselben Stahlmarke. Der eine wurde im kalten Zustande mehrfach hin und her und schließlich wieder gerade gebogen, also gehörig über die Fließgrenze hinaus angestrengt. Dieser Stab ergab eine viel *höhere Streckgrenze und Zugfestigkeit*, aber leider eine viel *geringere Zähigkeit* als der, dessen Gefüge nicht aufgewühlt und umgeordnet wurde. —

Vom Walzwerk traf neues Kesselblech ein. Es besaß eine gute Zugfestigkeit und Kerbzähigkeit. Nun wurde es kalt gebogen. Dadurch sank seine Kerbzähigkeit, und zwar viel mehr, als seine Zugfestigkeit stieg. Als das Blech nach dem Kaltbiegen etwa 3 Monate geruht hatte, war *die Zugfestigkeit abermals gestiegen, aber die Kerbzähigkeit noch weiter gesunken*.

Wenn also die Kaltverformung längst beendet ist, nimmt die Zähigkeit unaufhaltsam immer mehr ab! Die Körnchen wollen sich aus ihrer Zwangslage befreien. Dadurch verstärken sich stellenweise die Spannungen. Der Stahl wird *im Laufe der Zeit ganz von selbst immer spröder und brüchiger*. Dies Übel nennt man *Altern*. Gealterter Stahl neigt sehr dazu, feine, unsichtbare Risse zu bilden. Dadurch sind schon viele Dauerbrüche entstanden. *Das Altern setzt die Dauerfestigkeit bedeutend herab*.

Eine blank gezogene, also kalt verformte Stahlstange war ursprünglich ziemlich biegsam. Nach Jahren sprang sie durch einen leichten Schlag gegen die Amboskante in Stücke. So spröde wurde sie infolge Alterung!

Stahlflaschen und Kessel werden durch eine Wasserspannung geprüft, die das 2—3fache der Betriebsspannung beträgt. Häufig ist der Behälter inwendig stellenweise etwas verrostet. Dann wird dort *während des Probedruckes die Streckgrenze ein wenig überschritten*. Die Zugfestigkeit steigt, die Zähigkeit sinkt. Hierauf altert das Blech. Währenddessen sinkt die Zähigkeit nochmals. Sie wandelt sich sogar in Sprödigkeit. Ein feiner Riß entsteht. Dieser wirkt wie die allerschärfste Kerbe. Der Behälter zerknallt.

Sehr verhängnisvoll ist es, Buchstaben, mit denen die Stahlflaschen gestempelt sind, *auszuhämmern* und an derselben Stelle neue einzuschlagen. Dort altert die Wandung besonders stark. Sie wird im Laufe der Zeit außerordentlich brüchig.

Werden Nietlöcher gestanzt oder Bleche mit der Schere geschnitten, so springt stellenweise die Walzhaut ab. Dort fließt also das Gefüge. Infolge dieser Überanstrengung altert es. Die Nietlöcher der Dampfkessel müssen deshalb gebohrt, die Blechkanten gehobelt werden.

Üble Folgen können sogar eintreten, wenn man z. B. Gewinde mit *grobem Span* und *stumpfem Drehstahl* schneidet! Dadurch werden auch *die* Körner

---

1) Auch ein zu starker Schließdruck der Nietpresse kann das Blech bleibend verformen und dadurch sehr schädigen.

umgelagert, die später den Grund der fertigen Schraubengänge bilden. Hier altert der Stahl. Er wird im Laufe der Zeit von selbst rissig. Ein Dauerbruch beginnt, obwohl die *errechnete Zugspannung* der Schraube *sehr gering* ist! —

Kalt verformter Stahl *altert schon in wenigen Minuten*, sobald Wärmespannungen hinzutreten, sobald er *auf 100—300° erwärmt* wird. Das ist in Dampfbetrieben unvermeidlich. *Legierter Stahl altert am wenigsten.* — Kalt gepreßte Blechteile wurden lackiert und in einer Wärme von 200° getrocknet. Als man sie anschraubte, sprangen sie in Stücke. Sie waren sehr schnell gealtert.

Biegt man Rohrschlangen aus zähem Stahl, aber nicht im kalten Zustand, auch nicht in der Rotglut, sondern nur in der Blauwärme (250—350°), so sind sie nach dem Erkalten *sofort* außerordentlich spröde und brüchig. Am allerschädlichsten ist es, Stahl in der *Blauwärme bleibend zu verformen.*[1])

Glüht man das verzerrte Gefüge aus, so erlangen die Körner ihre ursprüngliche Gleichgewichtslage wieder. *Dadurch verschwinden alle Folgen der Kaltformung*, falls der Stahl während des Alterns nicht schon rissig wurde. Er erlangt *die* Streckgrenze, Zugfestigkeit, Zähigkeit, Härte und Dichte zurück, die er vor der Kaltformung im ausgeglühten Zustand besaß.

Wird rotwarmer Stahl geschmiedet oder gewalzt, also bleibend verformt, so beginnt von selbst sofort die Rückbildung des Gefüges. Deshalb ist Warmformung nicht schädlich.

Den Hauptbestandteil der neuzeitlichen Hochleistungs- und Hochdruckdampfkessel bilden die dickwandigen, rohrförmigen Trommeln (Länge bis 9 m, Durchm. bis 1,7 m, nur 1 Naht). Ihre Längsnaht ist überlappt mit Wassergas geschweißt. Die Enden der Trommel sind halbkugelförmig zugeschmiedet.

Um die heikle Schweißnaht möglichst streng zu prüfen, wird sie während der Druckprobe sogar bis etwas *über die Streckgrenze* beansprucht. Infolgedessen läuft aber der Werkstoff Gefahr, zu altern. Deshalb muß unbedingt die ganze Trommel sogleich in einem Glühofen bis etwas über 900° erwärmt werden. Dann erzielt man eine völlige Rückbildung des Gefüges und somit Sicherheit gegen Altern (durch D.R.P. 374429 gesch.).

Nach dem Versand und Einbau der Trommeln dürfen die späteren Druckproben auf keinen Fall die Streckgrenze überschreiten, weil dann ein nachfolgendes, wiedergutmachendes Ausglühen unmöglich ist.

Ein und dieselbe Stahlmarke kann sehr verschiedene Festigkeitseigenschaften besitzen. Diese hängen davon ab, ob der Stahl ausgeglüht, kalt oder in der Blauwärme bleibend verformt oder vergütet wurde, oder ob er schon gealtert ist. Um den Stahl richtig zu beurteilen, muß man also sozusagen seine Lebensbeschreibung kennen.

Ein Dauerbruch beginnt dort, wo einzelne Körner dauernd kalt verformt (geknetet) werden. Hier „arbeitet" der Stahl. Hier verwandelt sich die Zähigkeit des zähesten Werkstoffes sehr bald in Sprödigkeit. Das Gefüge reißt ein.

Erweist sich eine Stahlmarke im Zugversuch und Kerbschlagversuch als sehr zähe, so kommt dies der Dauerfestigkeit nicht zugute. Der zäheste Draht läßt sich an derselben Stelle nur wenige Male rechtwinklig hin und

1) Darum muß zu kaltes Nieten vermieden werden.

her biegen. Seine Zähigkeit ist bald aufgezehrt. Wir brauchen also für Wechselbeanspruchung Werkstoffe, die *auch* zähe bleiben, wenn sie „arbeiten", also *dauernd* kalt verformt werden. Dann rückt der erste Anriß in die weiteste Ferne.

Gegenwärtig gibt es nur Werkstoffe, die sich lediglich im elastischen Bereich ($\max \sigma < \sigma_S$), aber leider nicht im bildsamen Bereich ($\max \sigma > \sigma_S$) *dauernd* kalt verformen lassen, ohne in Stücke zu gehen. *Solange die Zähigkeit diese letzte Bedingung nicht erfüllt, ist sie für die Dauerfestigkeit nebensächlich.*

Werkstoffe, die *von Anfang an* hart und spröde sind, gewähren häufig eine größere Sicherheit gegen Dauerbruch als zähe, die doch bald spröde *und rissig* werden. Das beweisen z. B. die Kugellager.

Die Kugel ist eines der angestrengtesten Maschinenteile. Sie besteht aus dem sprödesten Stahl. Dieser hat sich vorzüglich bewährt, obwohl seine Spannung außerordentlich oft und stark zwischen Zug und Druck wechselt.

Auch Treibzapfen für Lokomotiven, die im Einsatz *gehärtet* wurden, sind dauerfester als ungehärtete.

Werkstoffe zu schaffen, die eine größere Sicherheit gegen Dauerbruch gewähren als bisher, ist eine wichtige Aufgabe im Kampfe um die Beherrschung der Natur.

22. Gußeisen.

Gußeiserne Späne sind staubig. Der graue Staub ist *Graphit* (Kohlenstoff). In der Bruchfläche des Gußeisens erkennt man mit der Lupe eine metallische Grundmasse. Diese ist überall von Graphitblättchen durchbrochen. Je größer und zahlreicher die Graphitblättchen sind, desto mehr schwächen sie den Querschnitt.

Ein 100 kg schweres Gußstück mittlerer Güte enthält 3—4 kg Graphit. Der *Raum*anteil des erdigen Graphits ist leider über 3mal so groß wie sein *Gewichts*anteil. Der Graphit verschlechtert insbesondere die Zugfestigkeit. Diese beträgt nur etwa ein Drittel der Druckfestigkeit.

Die Zugfestigkeit des Gußeisens läßt sich erheblich steigern, indem man *den Gehalt an Graphit möglichst verringert.* Es ist bereits etlichen Werken gelungen, ein Gußeisen zu erschmelzen, dessen Grundmasse mittelhartem Stahl ähnelt. In diesem Edelgußeisen ist äußerst feinblättriger Graphit sehr gleichmäßig und sehr dünn verteilt.

Mittelharter Stahl glänzt perlmutterartig auf einer geschliffenen und geätzten Fläche. Daher spricht man von *perlitischem Gußeisen.* Dieser vorzügliche Grauguß besitzt eine stahlartige Festigkeit, die durch die Graphitblättchen etwas verschlechtert wird. Er ist viel widerstandsfähiger gegen *andauernde Schläge* und Erschütterungen als gewöhnliches Gußeisen und vermag mit Stahlguß in scharfen Wettbewerb zu treten. Stahlguß enthält keinerlei Graphit.

Wie gleichmäßig, feinkörnig und dicht der Gefügebau des perlitischen Gußeisens ist, läßt sich schon am *Klang* erkennen. Der Perlitguß tönt viel höher und reiner als ein gleichartiges Werkstück aus gewöhnlichem Gußeisen.

Je heißer das Gußeisen in die Form gegossen wird, desto besser ist seine Festigkeit.

23. Festigkeitswerte.

Werkstoff	Streckgrenze σ_S (kg/cm²)	Zugfestigkeit σ_B (kg/cm²)
Schmiedestücke aus		
unlegiertem Stahl . . .	1900—4700	3500—9000
legiertem „ . . .	4200—9000	6000—12000
Gewalzter Stahl		
Form- und Stabeisen .	1900—2500	3500—5000
Bleche	1900—2500	3500—5000
Unlegierter Stahlguß . .	1900—2500	3500—5000
Gewöhnliches Gußeisen .	nicht vorhanden	1200—2600
Perlitisches „ .	„ „	bis über 4000

Die genaue Streckgrenze und Zugfestigkeit müssen von Fall zu Fall mittels eines Probestabes ermittelt werden.

Die größte bisher erreichte Zugfestigkeit von 36000 kg/cm² besitzt Stahldraht für Klaviersaiten.

VIII. Biegung.

A. Einleitung.

24. Die Biegespannung.

Die Balken in Abb. 64 denke man sich aus lauter waagerechten Schichten bestehend wie etwa ein Buch. Die Schichten der Balken sind jedoch miteinander verwachsen.

In der oberen Hälfte jedes Balkens herrscht Zug, in der unteren Druck. Nur die mittlere Schicht ist nicht gespannt. Diese heißt *Nullschicht*. Am stärksten ist die Biegespannung in der obersten und untersten Schicht.

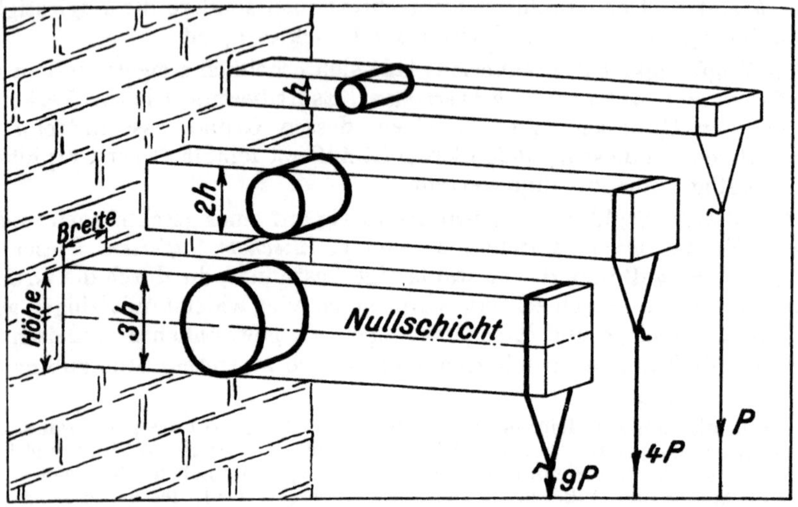

Abb. 64.

Krümmt sich der Balken, so bleibt die Nullschicht stets gleich lang. Die übrigen Schichten verlängern oder verkürzen sich.

25. Die einbeschriebene Walze.

Alle Balken in Abb. 64 sind gleich breit und aus demselben Holz. Ferner besitzen die Seilschlingen denselben Abstand von der Mauer. Folglich hängen die Lasten an einem gleich langen *Hebelarm.*

Ein Versuch beweist: Bricht der niedrigste Balken durch die Last P, so bricht der 2mal so hohe durch $4P$, der 3mal so hohe durch $9P$.

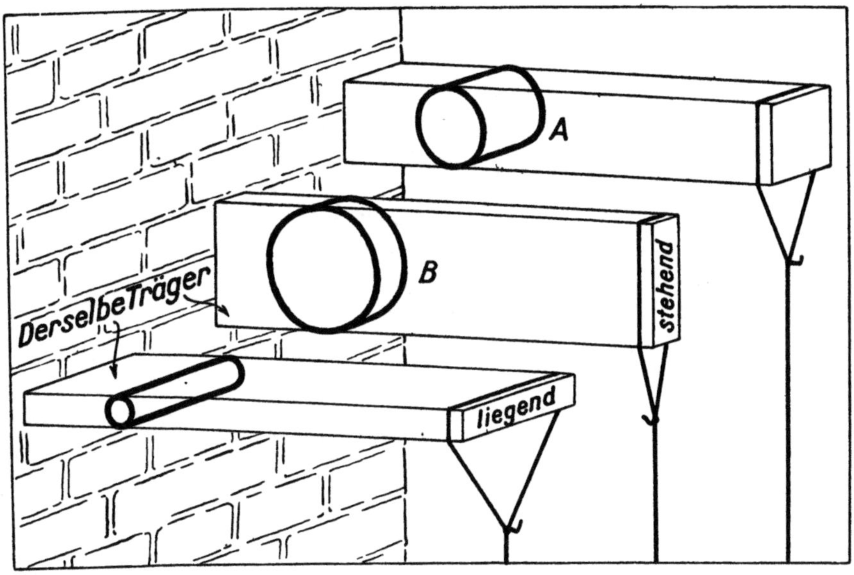

Abb. 65.

Die Höhen der Balken verhalten sich wie 1 : 2 : 3, ihre Tragfähigkeiten aber wie 1 : 4 : 9 oder $1^2 : 2^2 : 3^2$. Also wächst die Tragfähigkeit im *quadratischen* Verhältnis zur Höhe.

Dagegen bewirkt 2fache und 3fache Breite nur 2fache und 3fache Tragfähigkeit. Folglich ändert sich die Tragfähigkeit im *einfachen* Verhältnis zur Balkenbreite.

Der Rauminhalt einer Walze wächst und sinkt im quadratischen Verhältnis zum Durchmesser (vgl. Abb. 44) und im einfachen (linearen) Verhältnis zur Länge. Darum ist die Tragfähigkeit der Balken dem Rauminhalt der „einbeschriebenen" Walzen verhältnisgleich (proportional).

Wächst die Höhe, so wächst die Tragfähigkeit lawinenartig!

Betrachte Abb. 65. *Je größer der Rauminhalt der einbeschriebenen Walzen, desto schwerer brechen die Balken,* gleichen Hebelarm und Werkstoff wiederum vorausgesetzt.

Die Walzen A und B sind inhaltsgleich. Also brechen die Balken A und B durch dieselbe Last. Ihre Querschnitte besitzen aber einen sehr verschieden großen Flächeninhalt!

Balken *B* verfügt in liegender Stellung (Abb. 65 unten) über eine viel kleinere Walze. ***In demselben Verhältnis hat sich seine Tragfähigkeit verkleinert!*** Der ***Durchmesser*** der Walzen muß sich stets mit der ***Höhe*** des Balkens decken.

Die Tragfähigkeit einer Kette wächst und sinkt in demselben Verhältnis wie der Flächeninhalt ihres Querschnittes. Ändert man dagegen die Höhe und Breite eines Balkens, so ändert sich seine Tragfähigkeit in demselben Verhältnis wie der Rauminhalt der einbeschriebenen Walze.

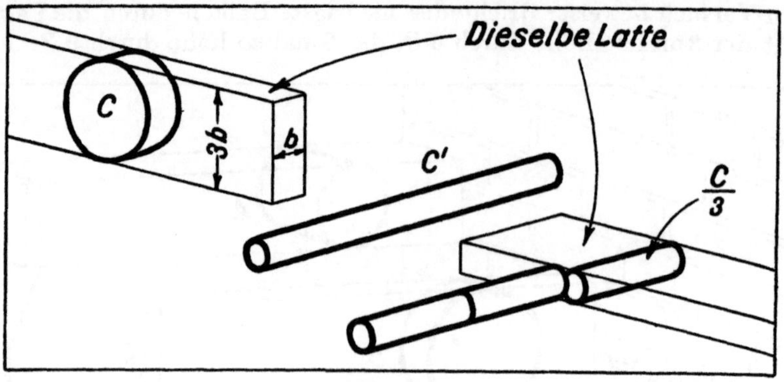

Abb. 66.

Die Kettenlast ist einem *Flächen*inhalt verhältnisgleich, die Balkenlast einem *Raum*inhalt.

Flächeninhalte vermag man leichter abzuschätzen als Rauminhalte. Darum läßt sich die Tragfähigkeit eines Balkens schwerer beurteilen als z. B. die eines Drahtseiles.

Walze *C* in Abb. 66 besteht aus Knetgummi. Rolle sie im Geiste dünner, bis ihr Durchmesser gleich *b* ist. Dann entsteht Walze *C'*. Hiervon genau $\frac{1}{3}$ abgeschnitten, ergibt die Walze für die liegende Latte. Also bricht sie stehend genau 3mal so schwer wie liegend. Die Höhe der stehenden Latte mißt auch genau das 3-fache der Breite!

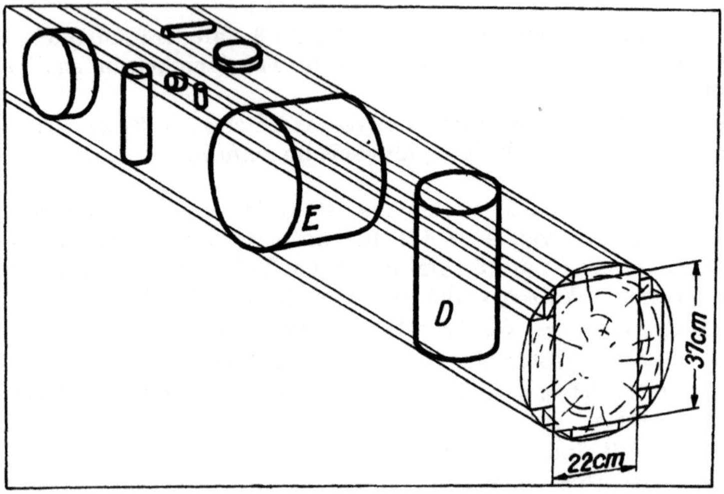

Abb. 67.

Ist die Breite z mal in der Höhe enthalten, so bricht der stehende Balken z mal so schwer wie der liegende.

Der Baumstamm in Abb. 67 wurde in Balken, Bretter und Latten zerlegt. Ihre Bruchlasten (am gleichen Hebelarm) verhalten sich wie die Rauminhalte der Walzen.

Aufg. 25. Betrachte den größten Balken in Abb. 67. Er bricht stehend schwerer als liegend. Wievielmal so schwer?

$$\frac{37\text{ cm}}{22\text{ cm}} = 1{,}68$$

Also kann der stehende Balken eine 1,68mal so schwere Last tragen wie der liegende. Walze *E* besitzt den 1,68fachen Rauminhalt von Walze *D*. —

Rolle Walze *F* in Abb. 68 aus, bis sie doppelt so lang geworden ist. Dann entsteht Walze F'. Hiervon genau die Hälfte abgeschnitten, ergibt die Walze für den niedrigen Balkenabsatz.

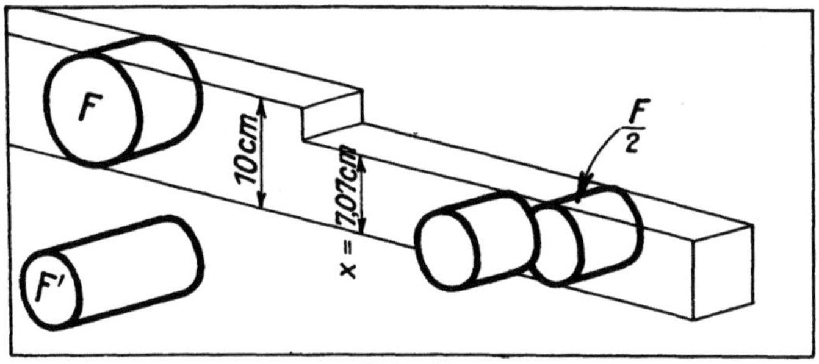

Abb. 68.

Wird also ein Balken abgehobelt bis auf reichlich $\frac{7}{10}$ seiner ursprünglichen Höhe, so besitzt er nur noch $\frac{5}{10}$ (die Hälfte) seiner ehemaligen Tragfähigkeit!

Die Höhe x ergibt sich am genauesten durch Rechnung:

$$\frac{\pi}{4}\,x^2 = \frac{1}{2}\left(\frac{\pi}{4}\,10^2\right)$$

$$x = \sqrt{50} = 7{,}0711\text{ cm.}$$

Nun rolle Walze *G* in Abb. 69 aus, bis sie drahtförmig geworden ist.

Für die Walze des niedrigsten Balkenabsatzes verbleibt nur noch $\frac{1}{64}$ der ursprünglichen. Dessen Abfall an Tragfähigkeit bildet 63 Teile von 64. Diese sind im Bilde aneinandergereiht.

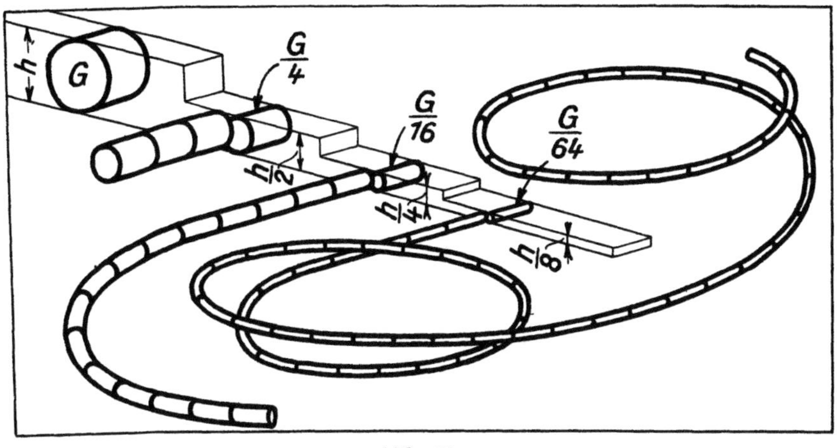

Abb. 69.

So viel büßt schließlich die Tragfähigkeit eines Balkens ein, während man seine Höhe nur bis auf $\frac{1}{8}$ der ursprünglichen ermäßigt!

26. Das tragfähigste Rechteck.

Aus dem kreisrunden Baumstamm in Abb. 70 soll ein Balken gesägt werden, *der möglichst schwer bricht*. Man könnte zur Not folgendermaßen verfahren:

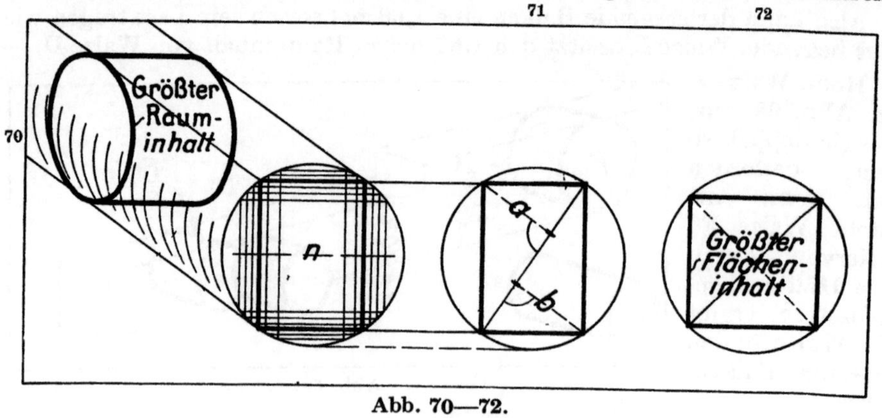

Abb. 70—72.

Zeichne in den Querschnitt des Stammes etliche Rechtecke, hohe und niedrige, schmale und breite wie in Abb. 70. Wenn sich die Rechtecke um ihre Nullinie *n* drehen, beschreiben sie Walzen. Deren Rauminhalt berechne der Reihe nach. Man erhält lauter verschieden große Ergebnisse. Die *geräumigste* Walze erzeugt das dick gezeichnete Rechteck. Dies ist also das beste.

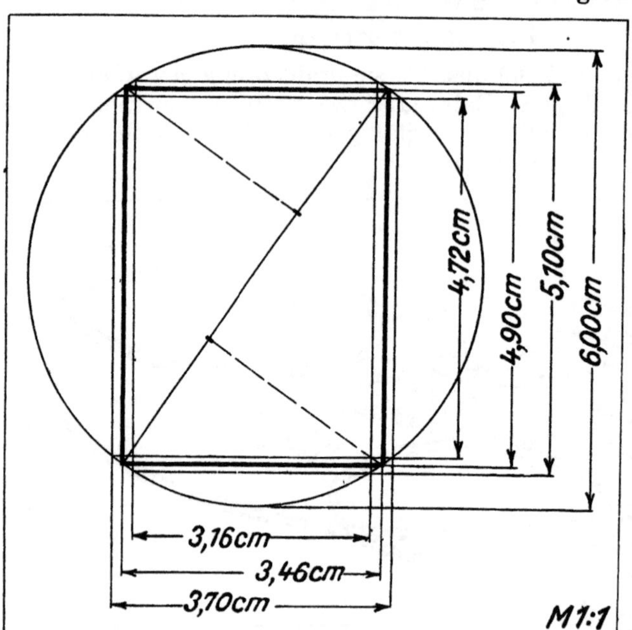

Abb. 73.

Zuweilen soll der Balken statt möglichst *biege*fest, möglichst *druck*fest sein, wie etwa der Pfosten in Abb. 16. Dann ist einfach der Flächeninhalt des Querschnittes maßgebend, je größer, desto besser. Es ergibt sich ein Quadrat (Abb. 72).

Der biegefesteste (rechteckige) Balken enthält weniger Holz als der quadratische!

In Abb. 71 teilen die Lote *a* und *b* den Durchmesser in

3 gleiche Strecken, in Abb. 72 jedoch nur in *2*. Warum? Der Biegewiderstand ist dem ***Raum***inhalt der Walze verhältnisgleich, der Druckwiderstand dem ***Flächen***inhalt des Querschnittes. Ein Raum besitzt eine Ausdehnung mehr als eine Fläche.

Diese Begründung mag genügen. Einen strengeren Beweis liefert die Differentialrechnung.

Aufg. 26. Ein Rundeisen mit 6 cm Durchmesser soll an einem Ende einen rechteckigen, möglichst biegefesten Querschnitt erhalten. Wie hoch und breit muß es beschnitten werden?

Zeichne einen Kreis mit 6 cm Durchmesser (Abb. 73). Teile irgendeinen Durchmesser in 3 gleiche Strecken. Errichte in den beiden Teilpunkten

74 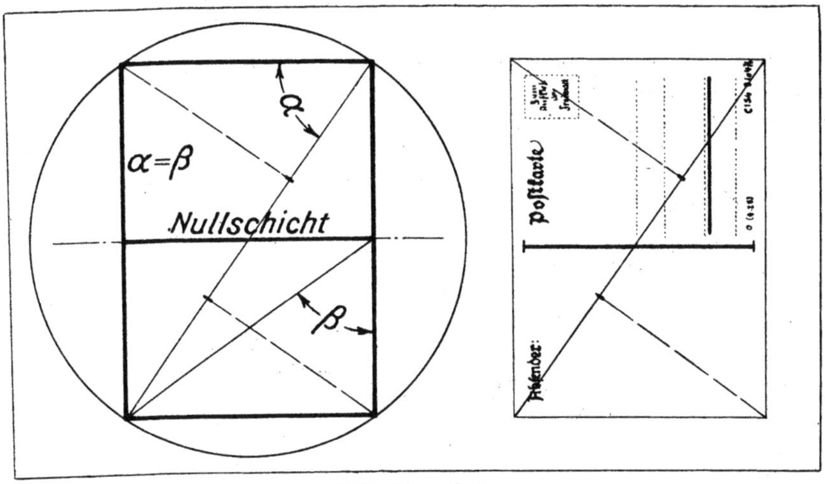 75

Abb. 74 und 75.

Lote bis zum Umfang des Kreises. Dadurch ergibt sich das gewünschte, dick gezeichnete Rechteck. — Natürlich sind auch andere Formate möglich. Zwei wurden dünn eingezeichnet.

Aufg. 27. Sind diese wirklich schwächer als das dick gezeichnete? Das lehrt der Rauminhalt der zugehörigen Walzen.

$$\frac{\pi}{4}\,5{,}10^2 \cdot 3{,}16 = 64{,}552\ \text{cm}^3$$

$$\frac{\pi}{4}\,4{,}90^2 \cdot 3{,}46 = \mathbf{65{,}245}\ \text{cm}^3$$

$$\frac{\pi}{4}\,4{,}72^2 \cdot 3{,}70 = 64{,}739\ \text{cm}^3$$

Das dick gezeichnete Rechteck beschreibt also tatsächlich die geräumigste Walze, wenn es sich um die Nullschicht dreht.

Zwischen den drei Ergebnissen besteht kein großer Unterschied. Das abgeleitete Verfahren hat mehr bildenden als praktischen Wert.

In den Kreis der Abb. 74 wurde das tragfähigste Rechteck gezeichnet. Da $\alpha = \beta$, ist das halbe Rechteck dem ganzen *ähnlich*. Das heißt, das halbe

Rechteck ist eine *maßstäbliche* Verkleinerung des ganzen. Diese merkwürdige Eigenschaft besitzt kein anderes Format! Die Hälfte eines Quadrates ist z. B. nicht quadratisch.

Schneidet man das tragfähigste Format in der Nullschicht durch, so erlangt jede Hälfte genau dasselbe Seitenverhältnis wie das Ganze.

Dies hat man sich zunutze gemacht bei der Normung der Papierformate (Weltpostkarte, technische Zeichnungen usw.). Auf *jedem genormten* Blatt (Abb. 75) wird darum der Durchmesser (Diagonale) von den Eckloten in drei *gleiche* Strecken geteilt. Ein genormter Briefbogen besitzt folglich dasselbe Seitenverhältnis wie die Postkarte. Dies Verhältnis ($1 : \sqrt{2}$) bleibt durch Hälfteln und Doppeln unverändert.

27. Der kreisförmige Querschnitt.

Beide Balken in Abb. 76 besitzen einen *quadratischen* Querschnitt. Rolle Walze J aus bis zum halben Durchmesser. Dann $\frac{1}{8}$ abgeschnitten, ergibt die Walze für das dünne Holz.

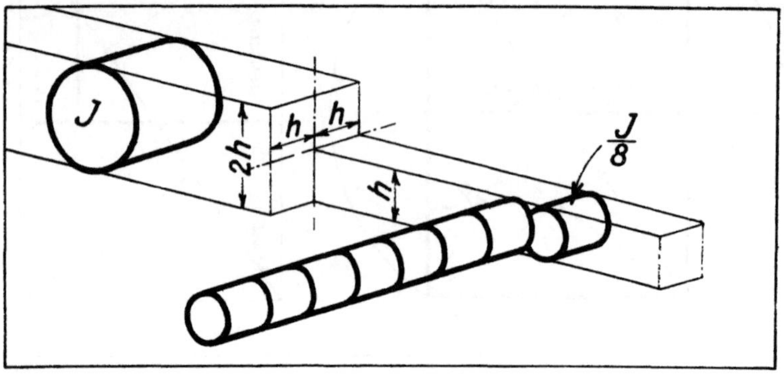

Abb. 76.

Die *Kanten* der quadratischen Querschnitte verhalten sich wie 1 : 2, ihre *Flächeninhalte* wie 1 : 4, ihre *Biegewiderstände* wie 1 : 8. In Abb. 77 verhalten sich die Durchmesser wie 1 : 2 : 3, die Bruchlasten aber wie 1 : 8 : 27 oder $1^3 : 2^3 : 3^3$, gleichen Hebelarm und Werkstoff vorausgesetzt.

Mit dem Durchmesser ändert sich nicht nur die Höhe des Querschnittes, sondern auch seine Breite. Darum wächst die Tragfähigkeit nicht im quadratischen, sondern im *kubischen Verhältnis zum Durchmesser!*

Abb. 77.

In einem Rundeisen (Abb. 77) ist die breiteste Schicht am schlaffsten, sogar spannungslos. Nahe der Nullschicht macht sich der Werkstoff sehr schlecht bezahlt. *Wo er am nötigsten ist, fehlt er!* Ergiebiger als ein runder Querschnitt ist ein quadratischer.

Beide Hölzer in Abb. 78 besitzen wiederum einen quadratischen Querschnitt. Rolle Walze *K* aus. Sie wird dünner und länger. Höre auf, sobald sie doppelt so lang wie dick ist. Dann hat sie sich verwandelt in Walze *K'*.

Hiervon genau die Hälfte abgeschnitten, ergibt die Walze für das dünne Holz in Abb. 78. Dessen Querschnitt ist also nur noch halb so biegefest wie der des anderen.

In Abb. 79 wird eine Welle abgedreht. Ihre Durchmesser gleichen den Maßen im darüberliegenden Bilde. Der Drehstahl schält also die *Hälfte*

78

79

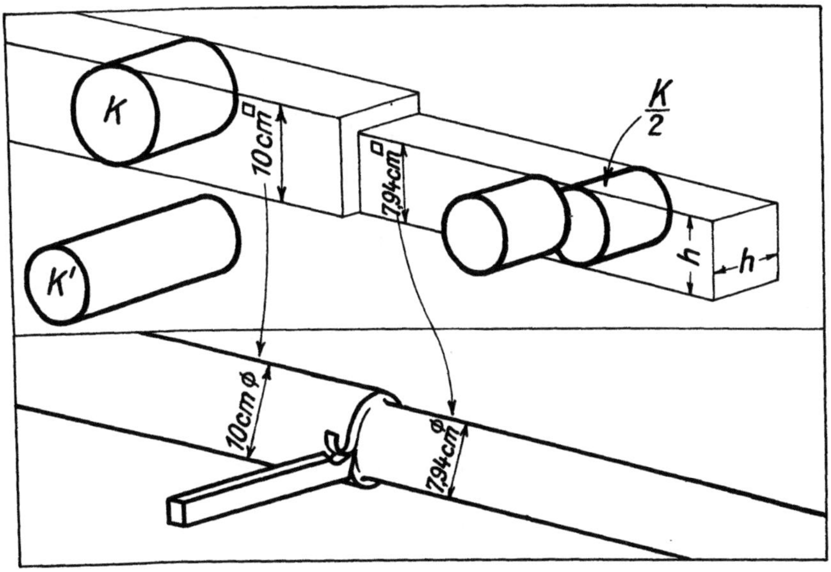

Abb. 78 und 79.

des ursprünglichen Biegewiderstandes fort, obwohl sich der Wellendurchmesser nur auf knapp $\frac{8}{10}$ vermindert!

Der *Biege*widerstand sinkt im *kubischen* Verhältnis, der *Flächen*inhalt im *quadratischen* Verhältnis zum Durchmesser. Deshalb stören die Kerben in Abb. 45 den Kraftstrom am meisten und erhöhen die Spannung am stärksten, wenn sie statt durch Zug durch Biegung angestrengt werden.

In Abb. 80 mißt die Dicke des Spanes $\frac{1}{26}$ der ursprünglichen Balkenhöhe. Rolle die Walze *L* aus, bis ihr Durchmesser sich um die Dicke des Spanes verkürzt hat. Dann entsteht Walze *L'*. Hiervon $\frac{1}{13}$ abgeschnitten, ergibt die Scheibe *S*. Diese entspricht dem Verlust an Tragfähigkeit durch den abgehobelten Span.

Ein Span vermindert also den *Biegewiderstand doppelt soviel wie die Balkenhöhe.* Fräst oder feilt man z. B. ein Flacheisen um $\frac{1}{100}$ seiner ehemaligen Höhe niedriger, so büßt es $\frac{2}{100}$ seines ursprünglichen Biegewiderstandes ein!

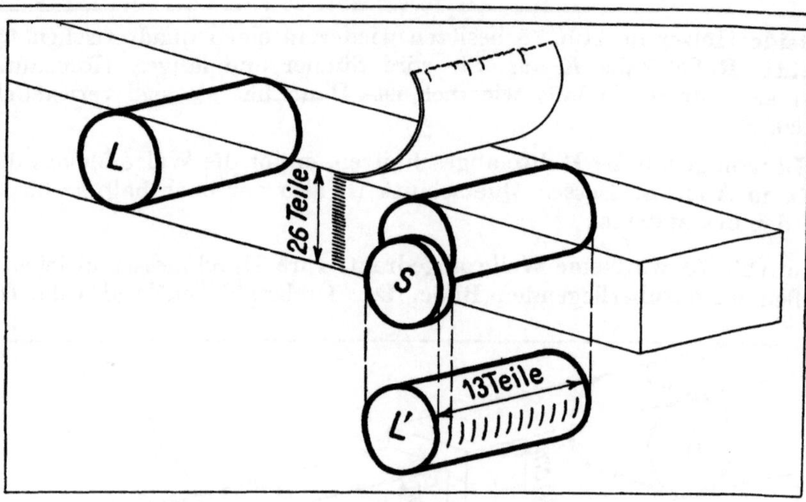

Abb. 80.

28. Balkenhöhe und Durchbiegung.

Siehe Abb. 81. Der *Flächen*inhalt der drei Balkenquerschnitte ist sehr verschieden groß (Abb. 82). Dagegen besitzen die Walzen genau denselben *Raum*inhalt. Eine könnte aus der anderen entstanden sein durch Strecken oder Stauchen. Folglich brechen alle Balken durch die gleiche Last *P*, gleichen Hebelarm und Werkstoff selbstverständlich vorausgesetzt.

Im Augenblick des Bruches herrscht in der obersten Schicht der drei Balken die gleiche Spannung. Diese Schichten haben sich also um dieselbe Strecke verlängert. Ihr Abstand von der Nullschicht ist aber verschieden, am Balken *O* 3mal so groß wie am Balken *M*. Darum sank die Last an Balken *M* 3mal so tief wie an Balken *O*. Dieser besitzt den kleinsten Querschnitt.

Je mehr also die einbeschriebene Walze plattenförmig ist statt drahtförmig, *desto weniger Werkstoff wird benötigt, desto geringer ergibt sich außerdem die Durchbiegung, desto starrer ist der Träger!* — —

Eine mannshohe Turmglocke läutete. Ihr armdicker, keulenförmiger Klöppel geriet in heftige Schwingungen wie etwa die Schenkel einer Stimmgabel. In den Fasern des Klöppels wechselten also Zug- und Druckspannungen außerordentlich oft ab. Plötzlich fiel ein schweres Eisenstück auf die Straße. Es war die untere Hälfte des Klöppels.

Dieser brach wie Glas, obwohl sich die Bruchstücke U-förmig falten ließen! Die schwingende Beanspruchung des Klöppels führte allmählich einen *Dauerbruch* herbei. Man baute einen *dünneren* Klöppel ein. Dieser ist weniger starr. Er dämpft die Erschütterungen besser. Daher gewährt er eine größere Sicherheit gegen Dauerbruch. —

Man denke sich in Abb. 81 die Träger *M* und *O* aus Stahl derselben Marke. Gegen bleibende Verbiegung gewähren beide die gleiche Sicherheit. Wenn ihre Lasten aber nicht ruhen, sondern ein wenig auf- und niederschwingen, ist die *Sicherheit gegen Dauerbruch* ausschlaggebend. Träger *M* wird am

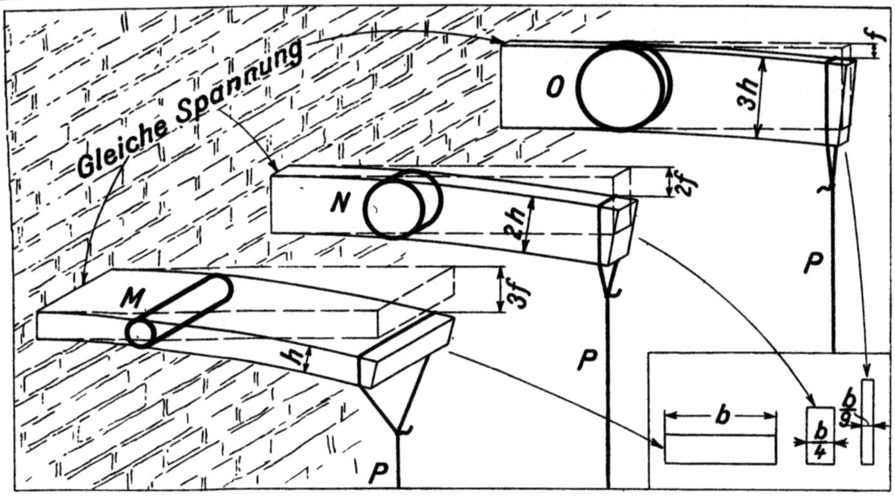

Abb. 81 und 82. 82

längsten einem Dauerbruch widerstehen. Weil er am niedrigsten ist, vermag er am lebhaftesten zu federn und die Stöße abzufangen. —

Besteht ein Träger aus legiertem oder unlegiertem, vergütetem oder nichtvergütetem, gehärtetem oder ungehärtetem Stahl, so erzeugt stets die gleiche Last P fast genau die gleiche Durchbiegung. *Alle Stahlmarken sind also fast gleich biegsam (elastisch), obwohl sie eine sehr verschieden hohe Streckgrenze und Zugfestigkeit besitzen!*

Rollt man Walze *M* aus, so nimmt ihre Länge viel rascher *zu* als ihr Durchmesser *ab*. Das ist umgekehrt, wenn Walze *O* ausgerollt wird. Dann ändert sich der Durchmesser viel rascher als die Länge.

Balken *N* ist genau doppelt so hoch wie breit. Rollt man dessen Walze aus, so wird sie *anfangs* genau ebenso rasch länger als dünner.

Darum besitzt ein Querschnitt mit dem Seitenverhältnis $b:h = 1:2$ folgende merkwürdige Eigenschaft.

84

83

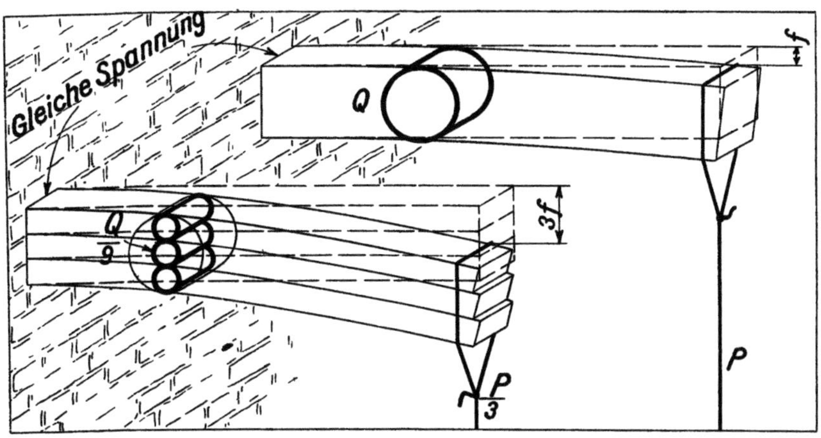

Abb. 83 und 84.

Vergrößert man die Höhe und verkleinert man die Breite (oder umgekehrt) um denselben, *geringen* Betrag, so wird der Biegewiderstand des Querschnittes so gut wie nicht verändert, sein Flächeninhalt aber sehr merklich.

Aus dem Balken in Abb. 83 entstand durch Aufspalten das Bündel in Abb. 84. Alle Bretter sind gleich dick. Die jedem Brette einbeschriebene Walze besitzt nur $\frac{1}{9}$ vom Rauminhalt der Walze in Abb. 83 (vgl. Abb. 44). Die Tragfähigkeit des gespaltenen Balkens macht also nur $\frac{3}{9} = \frac{1}{3}$ der ursprünglichen aus. Der gespaltene Balken biegt sich aber bis zum Bruch 3 mal so tief durch wie der ungespaltene.

Besteht das Bündel aus n gleichen Lagen, so beträgt die Bruchlast $\frac{1}{n}$, die Durchbiegung aber das n-fache desjenigen Balkens, der aus den n Lagen durch Verleimen oder Verschweißen entstanden ist, gleichen Hebelarm natürlich vorausgesetzt.

In anderen Lehrbüchern wird die „einbeschriebene Walze“ nicht benutzt. Diese Neuerung soll besonders den Anfänger befähigen, wichtige Zusammenhänge möglichst klar zu überblicken.

B. Der Freiträger.

29. Das Biegemoment.

Betrachte Abb. 86. Gib der vorderen Last im Geiste einen kräftigen Stoß. Sie schaukelt hin und her. Das ins Freie ragende Ende des Balkens schwingt deutlich mit. Solche Balken werden *Freiträger* genannt. Das Sprungbrett in der Badeanstalt ist also auch ein Freiträger, ebenfalls der Zahn eines Zahnrades.

Turnt dagegen jemand an der Reckstange, so schwingt die Mitte am meisten. Die Enden können sich nicht frei bewegen. Das eine steht still. Das andere gibt nur in der Längsrichtung der Stange etwas nach. Die Reckstange gehört zu der Gruppe der *Brückenträger*. Auch die Leitersprosse ist ein Brückenträger.

85 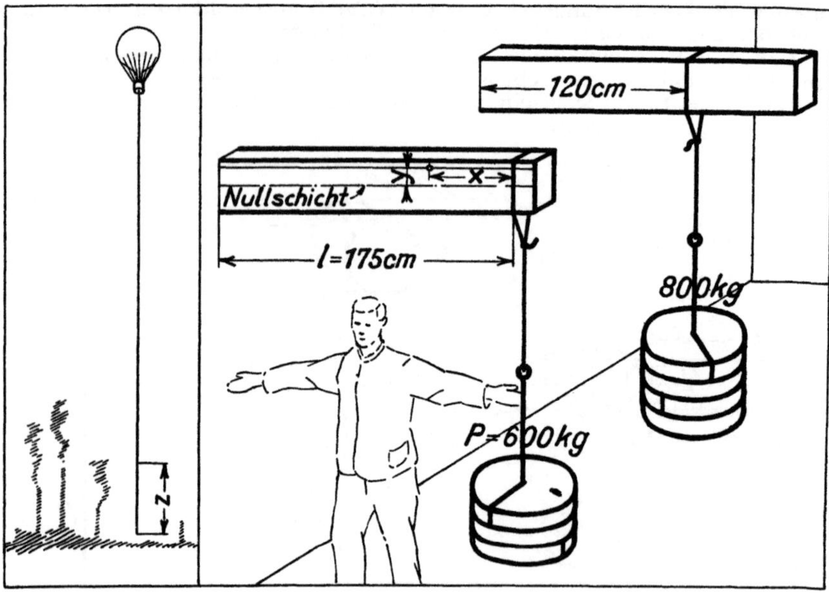 86

Abb. 85 und 86.

In Abb. 85 hängt ein Draht bis fast zur Erde herab. Unten fühlt er sich lose an. Nach oben wird er ganz gleichmäßig immer strammer. Es bedeutet z den Abstand eines beliebigen Querschnittes vom unteren Ende des Drahtes. Wächst z, so wächst die Spannung in demselben Verhältnis. Am strammsten ist der Draht im obersten Querschnitt.

In Abb. 86 bedeutet x den Abstand eines beliebigen Punktes von der Seilschlinge. Die Spannung in der durch diesen Punkt laufenden Schicht wächst in demselben Verhältnis wie x, also ebenso gleichmäßig wie in dem lotrechten Draht.

Es bedeutet y den Abstand eines beliebigen Punktes von der Nullschicht. Bleibt x unverändert, so wächst oder sinkt die Spannung in demselben Verhältnis wie y. Je größer die Abstände *x und y* eines beliebigen Punktes sind, desto größer ist die dortige Biegespannung. Der gefährdetste Querschnitt liegt in der Mauerebene.

Ein Freiträger bricht um so eher, je schwerer die Last P und je länger ihr Hebelarm l ist.

In Abb. 86 sind beide Balken gleich breit und hoch, ferner aus demselben Holz. Welcher ist am gefährdetsten? Derjenige, für den $P \cdot l$ sich am größten ergibt!

Vorderer Balken:	Hinterer Balken:
600 kg · 175 cm = 105000 kg · cm	800 kg · 120 cm = 96000 kg · cm

Statt kg · cm schreibe kgcm und lies „Kilogrammzentimeter". Am gefährdetsten ist also der vordere Balken, obgleich er die kleinere Last trägt. Die kleinere Last besitzt das größere Biegevermögen infolge ihres größeren Hebelarmes. Statt Biegevermögen sagt man *Biegemoment* und kürzt es ab mit M. Es ist

$$M = P \cdot l. \tag{8}$$

Nicht die Last stellt den Balken auf die Probe, sondern das *Biegemoment* der Last. Wird das Biegemoment verdoppelt oder verdreifacht, so entsteht die doppelte oder dreifache Biegespannung.

Aufg. 28. Ein Balken trägt eine Last von 340 kg an einem Hebelarm von 86 cm. Berechne das Biegemoment.

$$M = P \cdot l = 340 \cdot 86 = 29240 \text{ kgcm} —$$

Hängt man an ein Seil eine Last, so entstehen in den Drähten Zugkräfte. Die Summe all dieser *inneren* Kräfte hebt die *äußere* Kraft (Last) auf. Es herrscht „Gleichgewicht".

In Abb. 86 erzeugt die Last in den Schichten des Balkens Zug- und Druckkräfte. Die Kraft im gefährdetsten Querschnitt (Mauerquerschnitt) einer beliebigen Schicht werde mit q bezeichnet. In der obersten und untersten Schicht ist q am größten, in der mittleren Schicht gleich Null. q wächst oder sinkt in demselben Verhältnis wie y.

Da das Moment der äußeren Kraft den Momenten der inneren Kräfte das Gleichgewicht hält, muß sein

$$P \cdot l = \text{Summe } q \cdot y.$$

Der Drehsinn der inneren Momente ist dem des äußeren Momentes entgegengesetzt.

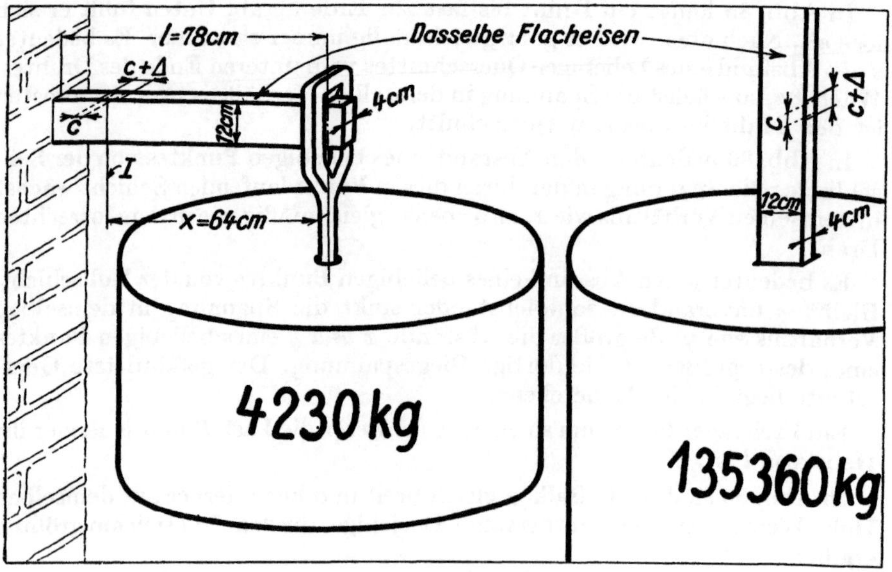

Abb. 87 und 88.

30. Der Biegeversuch.

Als der Freiträger in Abb. 87 noch nicht belastet war, wurden darauf in einem beliebig kurzen Abstand *c* zwei parallele Querstriche angebracht. Der Querschnitt I halbiert *c*.

Im obersten und untersten Rande eines Querschnittes herrscht die *größte* Biegespannung. Diese *Randspannung* (soundsoviel kg/cm²) wird abgekürzt mit σ'. Die Last dehnte *c* um eine winzige Strecke $\varDelta$ aus.

Ohne weiteres ist $\varDelta$ nicht sichtbar. Wird aber durch die Dehnung ein kleiner Spiegel gedreht, so läßt sich $\varDelta$ mehr als 100000fach vergrößern. Der Zeiger dieses Gerätes ist außerordentlich lang und doch völlig gewichtslos. Er wird gebildet durch einen vom Spiegel zurückgeworfenen Lichtstrahl.

Die Last in Abb. 88 wurde absichtlich so schwer bemessen, daß sie denselben Abstand *c* um genau denselben Betrag $\varDelta$ dehnte wie vorher im Biegeversuch. *Gleiche Dehnung läßt auf gleiche Spannung schließen.* Also muß die Randspannung σ' im Querschnitt I gleich der Zugspannung σ des senkrechten Flacheisens sein.

$$F = 12 \cdot 4 = 48 \text{ cm}^2 \qquad \sigma = \frac{P}{F} = \frac{135\,360}{48} = 2820 \text{ kg/cm}^2$$

Die Randspannung im Querschnitt I beträgt also auch 2820 kg/cm².

Wieviel mm der Abstand *c* und wieviel Tausendstel mm die Dehnung $\varDelta$ *messen,* ist nebensächlich. Es genügt, wenn beide Strecken im Biegeversuch ebenso groß sind wie im Zugversuch.

$$P \cdot x = 4230 \cdot 64 = 270\,720 \text{ kgcm.}$$

Es entsteht

$\sigma' = 2820$ kg/cm² durch 270720 kgcm

$\sigma' = 1$ kg/cm² „ $\frac{270720}{2820} =$ 96 kgcm.

Beträge wie z. B. die soeben ermittelten 96 kgcm sind sehr wichtig.

Aufg. 29. Berechne die Biegespannung im Mauerquerschnitt.

$$M = P \cdot l = 4230 \cdot 78 = 329940 \text{ kgcm}$$

96 kgcm erzeugen eine Randspannung von 1 kg/cm².

Folglich ist $$\sigma' = \frac{329\,940}{96} = 3433 \text{ kg/cm}^2.$$

31. Das Widerstandsmoment.

Der Biegewiderstand des Flacheisens beträgt 96 kgcm je 1 kg/cm² oder 96 kgcm/kg/cm². Es sind

$$96 \text{ kgcm/kg/cm}^2 = \frac{96 \text{ kgcm}}{\frac{\text{kg}}{\text{cm}^2}} = 96 \text{ kgcm} \frac{\text{cm}^2}{\text{kg}} = 96 \frac{\text{kgcm}^3}{\text{kg}} = 96 \text{ cm}^3.$$

Also ist der Biegewiderstand gleich 96 cm³. Dies *Raum*maß drückt aus, daß 96 kgcm in dem betreffenden Querschnitt eine Randspannung von 1 kg/cm² erzeugen.

Den Biegewiderstand pflegt man *Widerstandsmoment* zu nennen. Dies wird abgekürzt mit W. Allgemein gilt

(9) $$\sigma' = \frac{M}{W}.$$

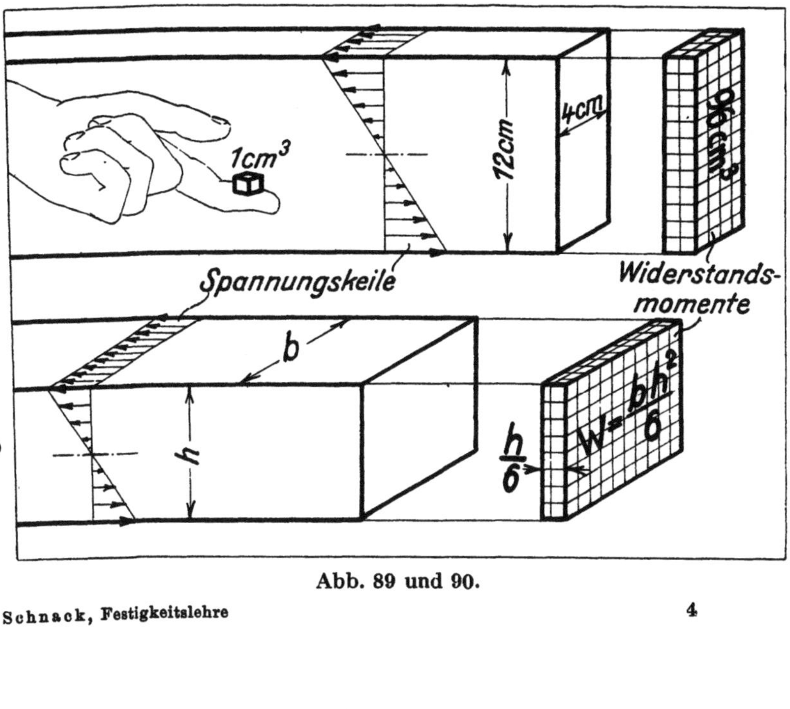

Abb. 89 und 90.

Der Freiträger in Abb. 87 ist in Abb. 89 größer dargestellt. Die Biegespannung wächst von der Nullschicht nach oben und unten ganz gleichmäßig an.[1]) Das sollen die *Spannungskeile* andeuten.

Von diesem Flacheisen wurde eine 2 cm dicke Platte abgesägt. Ihre Dicke mißt also $\frac{1}{6}$ der Trägerhöhe. Die Platte enthält $12 \cdot 4 \cdot 2 = 96$ cm³. *Sie verkörpert demnach das Widerstandsmoment des stehenden Flacheisens!*

Folglich läßt sich aus der Platte in Abb. 90 unmittelbar das Widerstandsmoment des zugehörigen Balkens errechnen. Ein neuer, umständlicher Biegeversuch ist also nicht nötig. Da $h = 8$ cm, $b = 10$ *cm*, gilt

$$W = 8 \cdot 10 \cdot \tfrac{8}{6} = 106{,}7 \text{ cm}^3.$$

Das heißt, ein Biegemoment von 106,7 kgcm erzeugt in dem betreffenden Querschnitt des *liegenden* Balkens eine Randspannung von 1 kg/cm².

Allgemein ist für rechteckige Querschnitte

$$W = F \cdot \frac{h}{6} \quad \text{oder} \quad W = b \cdot h \cdot \frac{h}{6} \qquad \text{oder}$$

$$\text{(10)} \qquad \boldsymbol{W = \frac{b h^2}{6}}.$$

Also wächst tatsächlich die Tragfähigkeit im *quadratischen* Verhältnis zur Höhe und im *einfachen* Verhältnis zur Breite.

In Abb. 65 beträgt der Rauminhalt der Walzen $\frac{\pi}{4} h^2 b$. Es ist $\frac{\pi}{4} h^2 b : \frac{b h^2}{6} = \frac{3}{2} \pi \approx 4{,}7$. Die Walzen verkörpern also das 4,7fache der Widerstandsmomente. Dies Vielfache ist belanglos, da die Walzen nur dazu dienen sollen, die Widerstandsmomente zu *vergleichen*. Hierzu sind Walzen geeigneter als Platten.

32. Anwendungsbeispiele.

Daß die Biegespannung in demselben Verhältnis wächst wie der Abstand von der Nullschicht, wurde bereits von dem Deutschen *Leibniz* (1646—1716) angenommen. Aber erst der Franzose *Navier*[2]) (1785—1836) entwickelte die endgültige Biegeformel.

Aufg. 30. Wie stark ist in Abb. 91 die Biegespannung im gefährdetsten Querschnitt?

$$M = P \cdot l = 400 \cdot 90 = 36000 \text{ kgcm}$$

$$W = \frac{b h^2}{6} = \frac{10 \cdot 18^2}{6} = 540 \text{ cm}^3$$

Ebensoviel cm³ enthält in Abb. 91 rechts die Platte.

$$\sigma' = \frac{M}{W} = \frac{36000}{540} = 66{,}7 \text{ kg/cm}^2$$

Diese Spannung herrscht im obersten und untersten Rande des Querschnittes an der Mauer.

Die Eigenart des Werkstoffes übt auf die Größe des Widerstandsmomentes keinerlei Einfluß aus. Daher ist es *auch* für die Größe der Biegespannung gleichgültig, ob der Balken aus Holz oder Eisen besteht. In beiden Fällen

1) Wie sich dies messen läßt, ist auf Seite 89 näher erläutert.
2) sprich „nawi-e".

würde die Randspannung 66,7 kg/cm² betragen. Sehr ungleich wären dagegen die Durchbiegung und Sicherheit. —

Die Bruchspannung infolge Biegung wird *Biegefestigkeit* genannt und abgekürzt mit σ_B'. Die Biegefestigkeit der Hölzer schwankt außerordentlich stark. Durchschnittlich ist

für Fichten- u. Kiefernholz $\sigma_B' = 450$ kg/cm²

„ Eichen- u. Buchenholz $\sigma_B' = 650$ kg/cm².

Diese Werte sinken beträchtlich, wenn Feuchtigkeit ins Holz dringt.

Aufg. 31. Wie groß ist der Sicherheitsgrad des Balkens in Abb. 91, wenn $\sigma_B' = 490$ kg/cm²?

$$\nu = \frac{\sigma_B'}{\sigma'} = \frac{490}{66{,}7} = 7{,}35$$

Der Balken würde also erst brechen durch eine Last von 7,35 · 400 kg = 2940 kg.

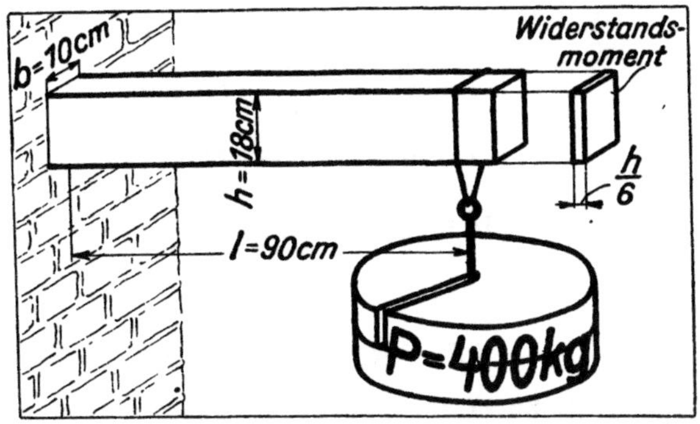

Abb. 91.

Hinge in Abb. 91 die 400 kg schwere Last an einem doppelt so hohen und doppelt so breiten Balken und ferner an einem doppelt so langen Hebelarm, so betrüge das Widerstandsmoment das Achtfache, das Biegemoment das Doppelte und folglich die Biegespannung nur $\frac{1}{4}$ von 66,7 kg/cm².

Aufg. 32. Berechne die größte Biegespannung im vorderen Freiträger der Abb. 86. Die Balkenhöhe mißt 30 cm, die Balkenbreite 22 cm.

$$W = \frac{b \cdot h^2}{6} = \frac{22 \cdot 30^2}{6} = 3300 \text{ cm}^3 \qquad M = P \cdot l = 600 \cdot 175 = 105\,000 \text{ kgcm}$$

$$\sigma' = \frac{M}{W} = \frac{105\,000}{3300} = 31{,}8 \text{ kg/cm}^2$$

Aufg. 33. Wie groß ergäbe sich die Biegespannung im Freiträger der vorigen Aufgabe, wenn er statt in stehender, in liegender Stellung belastet würde?

$$\frac{h}{b} = \frac{30}{22} = 1{,}36 \qquad \sigma' = 1{,}36 \cdot 31{,}8 \text{ kg/cm}^2 = 43{,}3 \text{ kg/cm}^2$$

Aufg. 34. Ein Balken ist 26 cm hoch und 20 cm breit. Welches größte Biegemoment kann er aushalten, wenn die Biegespannung 120 kg/cm² betragen soll?

$$W = \frac{b\,h^2}{6} = \frac{20 \cdot 26^2}{6} = 2250 \text{ cm}^3$$

Aus $\sigma' = \frac{M}{W}$ folgt $M = \sigma' \cdot W = 120 \cdot 2250 = 270\,000$ kgcm.

Aufg. 35. Ein Balken soll an einem Hebelarm von 60 cm eine Last tragen von 900 kg und mit $\sigma' = 180$ kg/cm² angestrengt werden. Wie groß muß das Widerstandsmoment des Balkens sein?

Aus $\sigma' = \frac{M}{W}$ folgt $W = \frac{M}{\sigma'} = \frac{900 \cdot 60}{180} = 300 \text{ cm}^3$.

Aufg. 36. Ein quadratischer Querschnitt soll ein Widerstandsmoment besitzen von 300 cm³. Berechne die Breite des Quadrates.

Da $b = h$, ist
$$W = \frac{h \cdot h^2}{6} = \frac{h^3}{6}$$
$$\frac{h^3}{6} = 300$$
$$h^3 = 1800$$
$$h = 12{,}2 \text{ cm.} —$$

Die Maßeinheit (Dimension) des Ergebnisses folgt aus dem Gang der Rechnung:

$$\sigma' = \frac{M}{W} = \frac{\text{kgcm}}{\text{cm}^3} = \text{kg/cm}^2$$
$$M = W \cdot \sigma' = \text{cm}^3 \cdot \text{kg/cm}^2 = \frac{\text{cm}^3 \cdot \text{kg}}{\text{cm}^2} = \text{kgcm}$$
$$W = \frac{M}{\sigma'} = \frac{\text{kgcm}}{\text{kg/cm}^2} = \frac{\text{kgcm}}{\frac{\text{kg}}{\text{cm}^2}} = \text{kgcm} \cdot \frac{\text{cm}^2}{\text{kg}} = \text{cm}^3.$$

33. Vergleich zwischen Zug und Biegung.

In Abb. 93 ergibt sich die Zugspannung der hölzernen Latte aus

$$\sigma = \frac{P}{F}.$$

In Abb. 92 wird *dieselbe* Latte durch *dieselbe* Last auf Biegung beansprucht. Die Randspannung σ' im Mauerquerschnitt richtet sich nicht nach P, sondern nach $P \cdot l$. Ferner ist nicht F maßgebend, sondern $F \cdot \frac{h}{6}$, denn $W = F \cdot \frac{h}{6}$.

92 93

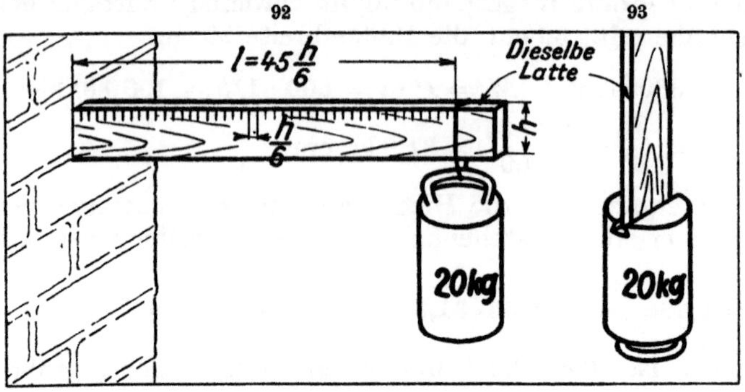

Abb. 92 und 93.

Wenn man den Zähler des Bruches $\frac{P}{F}$ mit l multipliziert und den Nenner F mit $\frac{h}{6}$, gilt der neue Bruch für Biegung. Also

$$\sigma' = \frac{P \cdot l}{F \cdot \frac{h}{6}} \qquad \text{oder kurz} \qquad \sigma' = \frac{M}{W}.$$

Diese Vervollständigung ist nötig, weil die Biegespannung gleichmäßig anwächst:

1. von der Seilschlinge bis zur Mauer,
2. von der Nullschicht bis zur obersten und untersten Schicht.

In Abb. 93 herrscht dagegen in *allen* Punkten *jedes* Querschnittes ein und dieselbe Spannung. —

In Abb. 92 läßt sich $\frac{h}{6}$ auf dem Hebelarm 45 mal abtragen.

Da also $\frac{l}{\frac{h}{6}} = 45$, ist $\qquad \sigma' = \frac{P}{F} \cdot 45.$

Das heißt, in Abb. 92 beträgt die Randspannung σ' im Mauerquerschnitt das 45fache der Zugspannung σ in Abb. 93. Für $l = \frac{h}{6}$ wäre $\sigma' = \sigma$.

34. Der kreisförmige Querschnitt.

In Abb. 94 sind nur die wichtigeren Schichten der Querschnitte angedeutet. Das Rundeisen bricht leichter als das gleich dicke Quadrateisen:

1. Weil die schraffierten Gebiete des Rundeisens viel kleiner sind als die entsprechenden des Quadrateisens. Das ist der wichtigste Grund.

2. Weil auch der *ganze* Querschnitt des Rundeisens kleiner ist als der des Quadrateisens. —

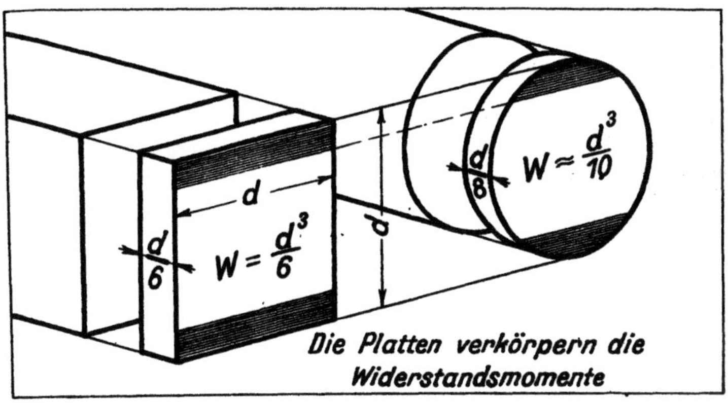

Abb. 94.

Die Platten verkörpern die Widerstandsmomente. Die runde muß dünner sein als die quadratische, und zwar lediglich aus dem ersten Grunde. Der kleinere Inhalt des runden Querschnittes macht sich in der runden Platte von selbst geltend.

Es gilt gemäß Abb. 94 für das Widerstandsmoment eines Rundeisens

$$W = F \cdot \frac{d}{8} \quad \text{oder} \quad W = \frac{\pi}{4} d^2 \frac{d}{8} = \frac{\pi}{32} d^3.$$

Dies kann durch einen ähnlichen Versuch wie in Abb. 87 bewiesen werden. Meistens darf man $\frac{\pi}{32} \approx \frac{1}{10}$ setzen. Damit wird

$$W \approx \frac{d^3}{10}. \tag{11}$$

Das Widerstandsmoment eines Quadrates verhält sich also zu dem des einbeschriebenen Kreises wie 10 : 6. Ihre Flächeninhalte verhalten sich aber wie 10 : 7,85.

Die Spannungskeile eines Rundeisens besitzen die Gestalt eines Zylinderhufes. (Dieser ähnelt einer Apfelsinenschnitte.)

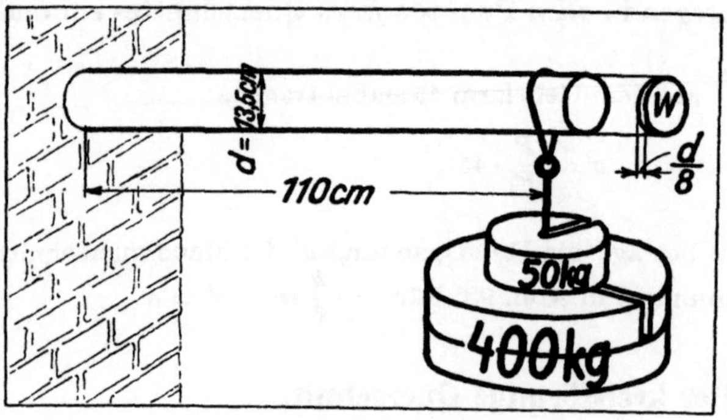

Abb. 95.

Bricht ein Quadrateisen durch 1000 kg, so bricht ein ebenso dickes Rundeisen durch 600 kg, gleichen Hebelarm und Werkstoff vorausgesetzt. Die *Durchbiegung* beider Träger bis zum Bruch ist aber *gleich* groß, weil sie gleich hoch sind.

Aufg. 37. Berechne für Abb. 95 die Biegespannung im gefährdetsten Querschnitt.

$$M = P \cdot l = 450 \cdot 110 = 49\,500 \text{ kgcm}$$

$$W = \frac{d^3}{10} = \frac{13{,}5^3}{10} = 246 \text{ cm}^3$$

Ebensoviel cm³ enthält in Abb. 95 rechts die Platte.

$$\sigma' = \frac{M}{W} = \frac{49\,500}{246} = 201 \text{ kg/cm}^2$$

Diese Spannung herrscht lediglich im höchsten und tiefsten *Punkt* des Mauerquerschnittes.

Aufg. 38. Berechne die Sicherheit dieses Freiträgers gegen überelastische Verformung, wenn $\sigma_S = \sigma_{-S} = 2100$ kg/cm².

$$\nu = \frac{\sigma_S}{\sigma'} = \frac{2100}{201} = 10{,}5$$

Die Durchbiegung verschwindet also völlig, sobald die Last fortgenommen wird.

Es sind 246 cm³ = 246000 mm³. Um derartig vielstellige Zahlen für Widerstandsmomente zu vermeiden, dient in der Festigkeitslehre nie das mm, sondern stets das cm als Längeneinheit.

35. Träger gleicher Biegespannung.

Aufg. 39. Wieviel beträgt in Abb. 96 die Biegespannung im gefährdetsten Querschnitt?

$$M = P \cdot l = 20 \cdot 45{,}5 = 910 \text{ kgcm} \qquad W = \frac{b\,h^2}{6} = \frac{21 \cdot 0{,}6^2}{6} = 1{,}26 \text{ cm}^3$$

$$\sigma' = \frac{M}{W} = \frac{910}{1{,}26} = 722 \text{ kg/cm}^2$$

Diese Spannung herrscht im obersten und untersten Rande des Querschnittes an der Mauer. Von dort bis zur Seilschlinge sinkt sie ganz gleichmäßig.

In Abb. 97 verjüngt sich ebenso gleichmäßig die *Breite* der Querschnitte. Darum beträgt in *jedem dieser* Querschnitte die Randspannung 722 kg/cm². *Einen „gefährdetsten" Querschnitt gibt es in dem dreieckigen Blech nicht.*

Weil dies ein *Träger gleicher Biegespannung* ist, krümmte sich die Mittellinie *m* überall gleich stark. Die „elastische Linie" *m* bildet also einen ganz flachen *Kreis*bogen. Das ließe sich nachmessen, wenn die Last statt 20 kg etwa das Zehnfache betrüge. Das rechteckige Blech federt nur an der Mauer gut, das dreieckige überall gleich gut.

Das rechteckige und dreieckige Blech sind *Blattfedern*. Das Bündel in Abb. 98 nennt man *Federwerk*. Es enthält mehrere Blattfedern.

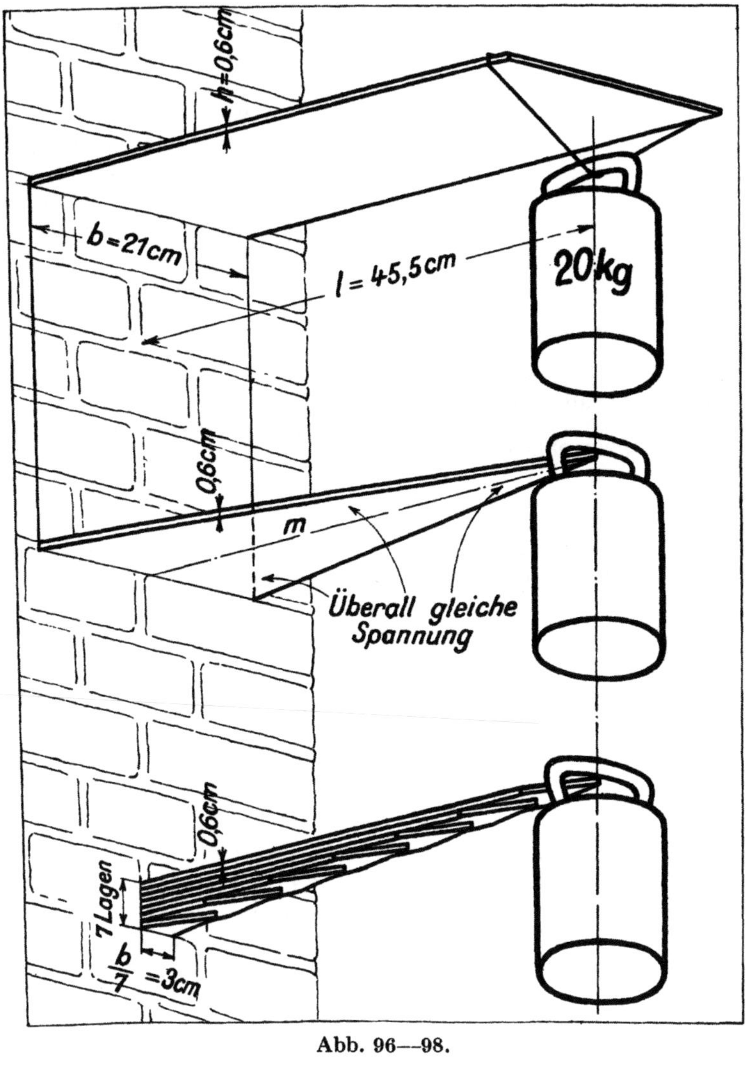

96

97

98

Abb. 96—98.

Abb. 99 zeigt, wie man ein Federwerk aus einer einzigen Blattfeder gewinnen könnte ohne jeglichen Abfall. In Wirklichkeit schneidet man die Streifen von einer langen Stange ab.

Siehe Abb. 100. *Die Spitze des einen Dreiecks muß die Grundlinie des folgenden berühren*, damit ein Träger gleicher Biegespannung entsteht. Für Federwerke mit vielen Lagen und kurzem Hebelarm ergibt sich ein großer

Spitzenwinkel. Das Federwerk in Abb. 98 ist ebenso tragfähig und biegsam wie das dreieckige Blech in Abb. 97.

Auch in Abb. 98 werden *alle* Querschnitte gleich stark gespannt. Dies trifft nicht mehr ganz genau zu, sobald sich die Streifen infolge einer großen Belastung beträchtlich gegeneinander verschoben haben.

99 100

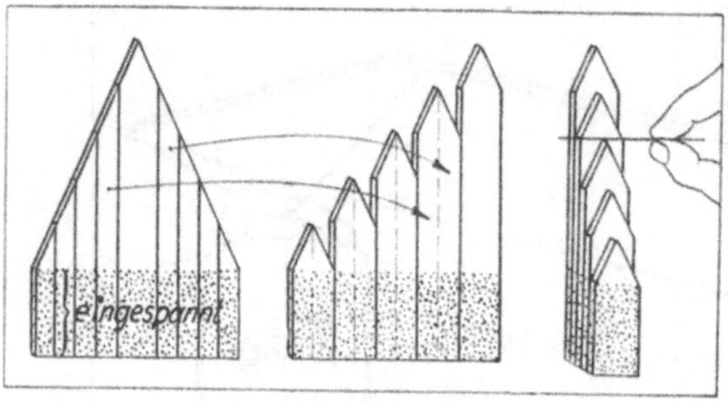

Abb. 99 und 100.

Ist das Federwerk richtig gestaltet, also wie in Abb. 100, so klaffen die Fugen nirgends, wenn es sich biegt. Es kann also kein Schmutz eindringen und die Reibung erhöhen, die Biegsamkeit vermindern. Das ist wertvoll für die Federwerke der Fahrzeuge.

In diesen schwankt die Spannung außerordentlich lebhaft. Daher entstehen oft *Dauerbrüche*. Federwerke aus gewöhnlichem Stahl werden nach längerem Gebrauche „lahm". Mangan-Siliziumstahl behält seine ursprüngliche Biegsamkeit.

Etwas Reibung zwischen den Lagen des Federwerkes ist erwünscht. Sie dämpft die Schwingungen.

36. Die Durchbiegung.

Siehe Abb. 101. Da diese Blattfeder dreieckig ist, hat sie sich genau kreisförmig gewölbt. Der Krümmungshalbmesser der *Nullschicht* wird abgekürzt mit ϱ.

Dieser ist um so kleiner, je kleiner $\frac{h}{2}$ und je größer σ' sind. In der folgenden Formel zur Berechnung von ϱ steht daher ganz richtig $\frac{h}{2}$ im Zähler und σ' im Nenner. Es ist

$$\varrho = \frac{E \cdot \frac{h}{2}}{\sigma'}. \tag{12}$$

Hierin berücksichtigt E die elastische Eigenart des jeweils verwendeten Werkstoffes. Das *Elastizitätsmaß* E läßt sich durch einen Versuch ermitteln. Man mißt den Krümmungshalbmesser einer dreieckigen Blattfeder, berechnet σ' aus Gleichung (9) und schließlich E aus Gleichung (12).

Das Elastizitätsmaß E bedeutet eine Spannung, ausgedrückt in kg/cm², denn

$$E = \frac{\varrho \cdot \sigma'}{\frac{h}{2}} = \frac{\text{cm} \cdot \text{kg/cm}^2}{\text{cm}} = \text{kg/cm}^2.$$

Durchschnittlich ergibt sich

für Stahl	$E = 2100000$	kg/cm².
„ Messing	$E = 1100000$	„
„ Holz	$E = 100000$	„

Es ist also Holz etwa 21 mal so biegsam wie Stahl. Alle Stahlmarken, legiert oder unlegiert, vergütet oder nicht vergütet, gehärtet oder ungehärtet, besitzen fast dasselbe Elastizitätsmaß, obwohl ihre Streckgrenze und Zugfestigkeit sehr stark schwanken!

101 102 103

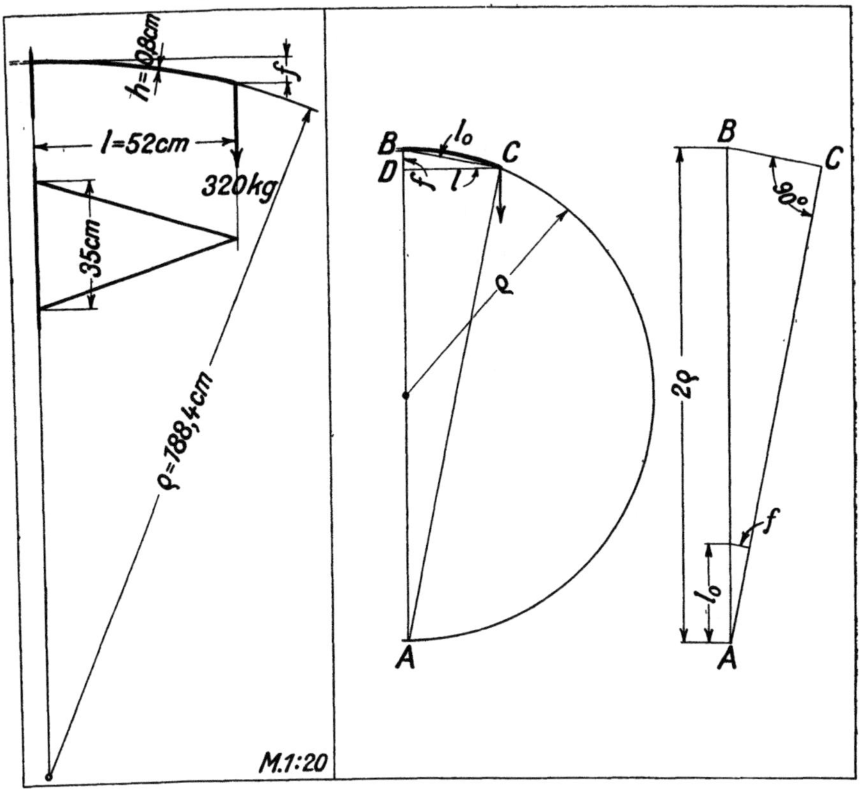

Abb. 101—103.

Aufg. 40. Berechne den Krümmungshalbmesser der stählernen Blattfeder in Abb. 101.

$$M = P \cdot l = 320 \cdot 52 = 16640 \text{ kgcm} \qquad W = \frac{b h^2}{6} = \frac{35 \cdot 0{,}8^2}{6} = 3{,}73 \text{ cm}^3$$

$$\sigma' = \frac{M}{W} = \frac{16640}{3{,}73} = 4460 \text{ kg/cm}^2 \qquad \varrho = \frac{E \cdot \frac{h}{2}}{\sigma'} = \frac{2100000 \cdot \frac{0{,}8}{2}}{4460} = 188{,}4 \text{ cm}$$

Gäbe es eine Stahlmarke, die eine Biegespannung von 2100000 kg/cm² vertrüge, so könnte $\varrho = \frac{h}{2}$ werden. Das wäre der kleinstmögliche Wert von ϱ.

Aufg. 41. Das Sägeblatt einer Bandsäge läuft bekanntlich über zwei Räder wie ein Treibriemen. Der Raddurchmesser beträgt 120 cm. Die

Dicke h des Sägeblattes mißt 0,12 cm. Berechne die Biegespannung des Blattes.

$$\varrho = \frac{120 + 0{,}12}{2} = 60{,}06 \text{ cm.} \quad \text{Aus Gl. (12) folgt } \sigma' = \frac{E \cdot \frac{h}{2}}{\varrho}$$

$$\sigma' = \frac{2100000 \cdot \frac{0{,}12}{2}}{60{,}06} = 2100 \text{ kg/cm}^2$$

Das Sägeblatt macht in einer Minute 500 Umläufe. Also wird es in dieser kurzen Zeit 1000mal gebogen bis zu einer Spannung von 2100 kg/cm². Der Stahl muß nicht nur eine hohe Streckgrenze, sondern auch eine große Dauerfestigkeit besitzen.

Die Förderseile der Bergwerke bestehen aus 1—3 mm dickem, vergütetem Stahldraht (6 Litzen). Sie laufen über große Seiltrommeln und werden dadurch hin und her gebogen wie etwa ein Sägeblatt. Deshalb bricht häufig ein einzelner Draht. Dieser hat sich an der Bruchstelle meistens gar nicht eingeschnürt. Es handelt sich also um einen Dauerbruch.

Wird die Oberfläche der Drähte ein wenig verletzt, z.B. durch Rostnarben, so sinkt die Dauerfestigkeit erheblich.

Aus Abb. 101 läßt sich der Federhub f (Durchbiegung) sehr schnell ermitteln. Dort wurde die gekrümmte Feder maßstäblich aufgezeichnet. In der Zeichnung ist $f = 0{,}37$ cm. Ihr Maßstab beträgt 1 : 20. Also ist in Wirklichkeit $f = 0{,}37 \cdot 20 = 7{,}4$ cm. Je größer die Zeichnung, desto genauer das Ergebnis.

Den Federhub f pflegt man meistens lediglich zu berechnen. Siehe Abb. 102. Die Winkel der Dreiecke ABC und CBD sind gleich. Daher lassen sich diese Dreiecke wie in Abb. 103 so aufeinander legen, daß f parallel $\overline{BC}$ ist. Folglich verhält sich

$$f : l_0 = \overline{BC} : 2\varrho$$

oder

$$\frac{f}{l_0} = \frac{\overline{BC}}{2\varrho}$$

oder

$$f = \frac{l_0 \cdot \overline{BC}}{2\varrho}.$$

Da $\overline{BC} = l_0$, wird

$$f = \frac{l_0^2}{2\varrho}.$$

Meistens ist f klein, verglichen mit l. Dann darf $l_0 \approx l$ gesetzt werden. Also ergibt sich

$$f = \frac{l^2}{2\varrho}. \quad \text{Da } \varrho = \frac{E \cdot \frac{h}{2}}{\sigma'}, \quad \text{wird}$$

$$f = \frac{l^2 \cdot \sigma'}{E \cdot h}. \tag{13}$$

Der Federhub wächst also im *quadratischen* Verhältnis zum Hebelarm. Wird der Hebelarm verdoppelt oder verdreifacht, so entsteht die 4fache und 9fache Durchbiegung, falls die Biegespannung und Blattdicke unverändert bleiben. Für Abb. 101 wird

$$f = \frac{52^2 \cdot 4460}{2100000 \cdot 0{,}8} = 7{,}2 \text{ cm.}$$

Dies Ergebnis *muß* kleiner sein als das durch Zeichnung gefundene, da $l^2 < l_0^2$. Man runde deshalb das Ergebnis der Formel (13) nach oben ab.

Wäre die Feder in Abb. 101 rechteckig statt dreieckig, so betrüge die Durchbiegung genau $\frac{2}{3}$ von 7,4 cm. Das lehrt ein Versuch.

Also gilt für einen Träger mit unveränderlichem Querschnitt (prismatischen Stab)

$$f = \frac{2}{3} \cdot \frac{l^2 \cdot \sigma'}{E \cdot h}. \tag{14}$$

Aufg. 42. Berechne die Durchbiegung des Flacheisens in Abb. 87. Die Randspannung im Querschnitt an der Mauer wurde bereits auf S. 49 zu $\sigma' = 3433$ kg/cm² errechnet.

Also
$$f = \frac{2}{3} \cdot \frac{78^2 \cdot 3433}{2100000 \cdot 12} = 0{,}55 \text{ cm}.$$

Die Last sank um 0,55 cm. Sie verbog das Flacheisen *nicht kreisförmig!*

Aufg. 43. Wie groß ist die Durchbiegung des hölzernen Balkens in Abb. 91?

Da $\sigma' = 66{,}7$ kg/cm² und für Holz $E = 100000$ kg/cm², ist

$$f = \frac{2}{3} \cdot \frac{90^2 \cdot 66{,}7}{100000 \cdot 18} = 0{,}20 \text{ cm}.$$

Das äußerste rechte Ende des Balkens hat sich um mehr als 0,20 cm gesenkt! —

Man betrachte Abb. 2 und denke sich durch die rechte Stange zwei Querschnitte gelegt im Abstande von 1 cm. Diese Strecke dehnt sich, falls die Zugspannung 1 kg/cm² beträgt, um $\frac{1}{E} = \frac{1}{2100000}$ cm. Das bestätigt ein Versuch.

Die Länge l der rechten Stange in Abb. 2 mißt 140 cm. Ihre Zugspannung σ beträgt 230 kg/cm².

1 cm	wächst	durch	1 kg/cm²	um	$\frac{1}{2100000}$	cm
140 „	wachsen	„	1	„ „	$\frac{140}{2100000}$	„
140 „	„	„	230	„ „	$\frac{140 \cdot 230}{2100000} = 0{,}0153$	cm

Also hat sich die Stange um $\Delta l = 0{,}0153$ cm gedehnt. Allgemein gilt

$$\Delta l = \frac{l \cdot \sigma}{E}.$$

37. Der doppelarmige Freiträger.

Aufg. 44. Berechne für Abb. 104 die Biegespannung in den Querschnitten I, II und III.

Es mißt der Hebelarm bis Querschnitt

I: $9 \cdot 7 = 63$ cm

II: $6 \cdot 7 = 42$ cm

III: $3 \cdot 7 = 21$ cm.

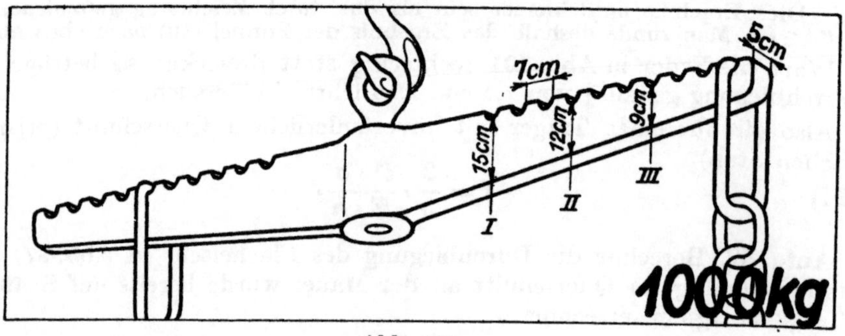

Abb. 104.

$$M_{\mathrm{I}} = 1000 \cdot 63 = 63\,000 \text{ kgcm} \qquad W_{\mathrm{I}} = \frac{5 \cdot 15^2}{6} = 188 \text{ cm}^3$$

$$M_{\mathrm{II}} = 1000 \cdot 42 = 42\,000 \text{ kgcm} \qquad W_{\mathrm{II}} = \frac{5 \cdot 12^2}{6} = 120 \text{ cm}^3$$

$$M_{\mathrm{III}} = 1000 \cdot 21 = 21\,000 \text{ kgcm} \qquad W_{\mathrm{III}} = \frac{5 \cdot 9^2}{6} = 67{,}5 \text{ cm}^3$$

$$\sigma'_{\mathrm{I}} = \frac{63\,000}{188} = 335 \text{ kg/cm}^2$$

$$\sigma'_{\mathrm{II}} = \frac{42\,000}{120} = 350 \text{ kg/cm}^2$$

$$\sigma'_{\mathrm{III}} = \frac{21\,000}{67{,}5} = 311 \text{ kg/cm}^2$$

Wären alle Abmessungen des Gehänges doppelt so groß und die Last doppelt so schwer wie in der Abbildung, so betrügen die Biegespannungen nur die Hälfte.

Infolge der Belastung nahm der Krümmungshalbmesser für die tiefste Stelle der Nuten zu. Dort entstanden also *zusätzliche* Zugspannungen. Darum herrscht im Kerbgrunde eine stärkere Spannung als die Rechnung ergibt. Außerdem verringern die Nuten die Zähigkeit.

Die Spannungen in vielen Bauteilen lassen sich weder genau, noch angenähert berechnen. Dann hilft man sich durch einen Versuch. Man fertigt von dem fraglichen Werkstück ein maßstäbliches Modell aus *durchsichtigem Zellhorn* an. Dies wird ähnlich belastet wie das metallene Werkstück. Alsdann läßt sich die Spannung in jedem Punkt des Zellhornes mittels polarisierter Lichtstrahlen[1]) messen. Auf diesem Umwege gewinnt man ein klares, zahlenmäßiges Bild von den Spannungen in Zahnrädern, Flugzeugteilen, Gitterträgern u. ä. Auch die schädliche Wirkung von Kerben wird an durchsichtigen Modellen in polarisiertem Licht sichtbar.

Aufg. 45. Wie stark sind die ⊔-Eisen in Abb. 105 gespannt?

Der Hebelarm mißt 75 cm. Die 2000 kg schwere Last verteilt sich auf 2 ⊔-Eisen. Also muß 1 ⊔-Eisen ein Biegemoment ertragen von

$$M = 1000 \cdot 75 = 75\,000 \text{ kgcm}.$$

---

1) Im natürlichen Licht schwingen die Ätherteilchen senkrecht zum Strahl in *allen* Richtungen, im polarisierten Licht nur in *einer* Richtung, nur in *einer* Ebene.

Schlage S. 129 auf. Dort ist angegeben für ein stehendes ⊔-Eisen NP 16 ein Widerstandsmoment von $W_x = 116\ \text{cm}^3$. Was heißt das?

Ein Biegemoment von 116 kgcm erzeugt in dem zugehörigen Querschnitt eine Randspannung von 1 kg/cm². Also erzeugen 75000 kgcm

$$\sigma' = \frac{M}{W_x} = \frac{75\,000}{116} = 646\ \text{kg/cm}^2.$$

Der berechnete Querschnitt ist durch ein Nietloch geschwächt. Da es nahe der Nullschicht liegt, wird die Biegespannung nur wenig mehr als 646 kg/cm² betragen.

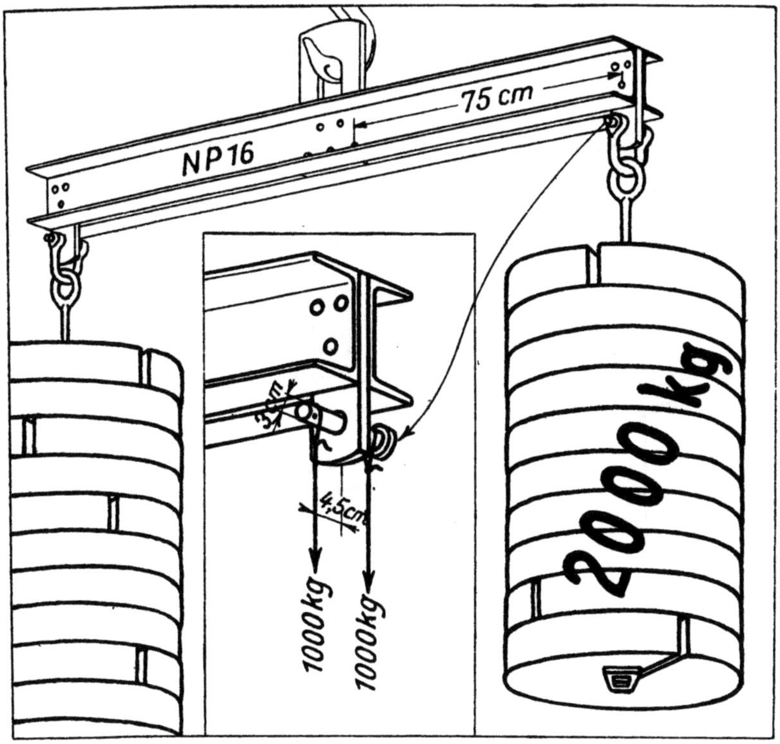

105

106 Abb. 105 und 106.

Der Bolzen in Abb. 106 bildet ein Tragwerk im Kleinen wie die ⊔-Eisen im Großen.

Aufg. 46. Berechne den Sicherheitsgrad dieses Bolzens gegen Strecken, wenn die Streckgrenze 3400 kg/cm² beträgt.

$$M = 1000 \cdot 4{,}5 = 4500\ \text{kgcm} \qquad W = \frac{3^3}{10} = 2{,}7\ \text{cm}^3$$

$$\sigma' = \frac{4500}{2{,}7} = 1666\ \text{kg/cm}^2 \qquad \nu = \frac{\sigma_S}{\sigma'} = \frac{3400}{1666} = 2{,}04$$

Für ein Doppelt T-Eisen *NP 8* ist gemäß Seite 130 der Querschnitt $F = 7{,}58\ \text{cm}^2$ und das Widerstandsmoment $W_x = 19{,}5\ \text{cm}^3$. Es liefert 1 cm² des Querschnittes zum Widerstandsmoment einen Beitrag von *durchschnittlich*

$\frac{19,5}{7,58} = 2,57\ \text{cm}^3$. Für ein Doppelt T-Eisen *NP 55* findet man entsprechend $F = 213\ \text{cm}^2$ und $W_x = 3607\ \text{cm}^3$. Also $\frac{3607}{213} = 16,93\ \text{cm}^3/\text{cm}^2$.

Das kleine Doppelt T-Eisen nutzt demnach den Werkstoff aus mit nur $2,57\ \text{cm}^3/\text{cm}^2$, das große aber mit $16,93\ \text{cm}^3/\text{cm}^2$. Große (hohe) Formeisen sind also viel ergiebiger als kleine (niedrige).

C. Der Brückenträger.

38. Last in der Mitte.

Betrachte Abb. 108. Die Last hängt in der *Mitte* des Brückenträgers. Er wird angestrengt wie etwa ein Stab, den man übers Knie bricht. *Der Brückenträger besteht also aus zwei Freiträgern*, deren gefährdetsten Querschnitte miteinander verwachsen sind.

107

108

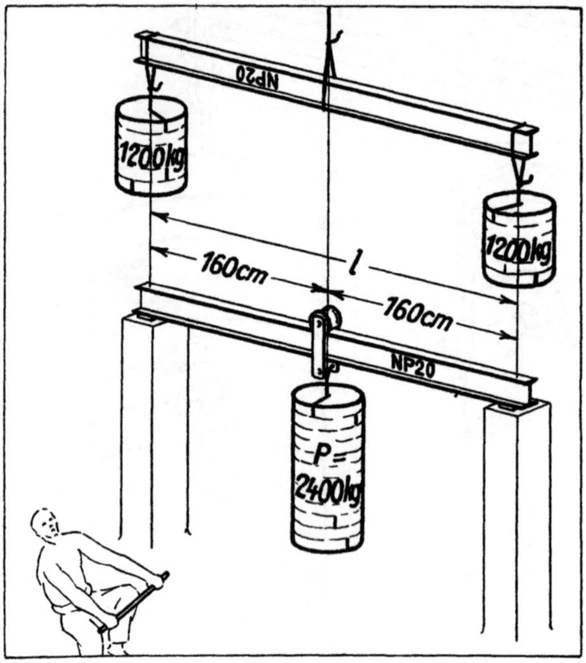

Abb. 107 und 108.

Der Brückenträger in Abb. 108 wird genau so stark gespannt wie der doppelarmige Freiträger in Abb. 107. Für diesen ist

$$M = 1200 \cdot 160 = 192\,000\ \text{kgcm}.$$

Ein Doppelt T-Eisen NP 20 besitzt ein Widerstandsmoment von $W_x = 214\ \text{cm}^3$. Folglich

$$\sigma' = \frac{M}{W_x} = \frac{192\,000}{214} = 897\ \text{kg/cm}^2.$$

Ebenso groß ist die Biegespannung in der Mitte des Brückenträgers (Abb. 108).

Bezeichnet l die Stützweite des Brückenträgers, P seine Belastung in der *Mitte*, so gilt für den dortigen, gefährdetsten Querschnitt

$$M = \frac{P}{2} \cdot \frac{l}{2} \quad \text{oder}$$

(15) $$M = P\frac{l}{4}.$$

Die Stützweite l ist stets kleiner als die ganze Länge des Trägers.

Aufg. 47. Eine Reckstange besitzt eine Stützweite von 250 cm und einen Durchmesser von 2,8 cm. In der Mitte hängt an *einem* Arme ein Turner. Er wiegt 80 kg. Berechne die Biegespannung dieser Stange.

$$M = P\frac{l}{4} = 80\frac{250}{4} = 5000\,\text{kgcm} \qquad W = \frac{d^3}{10} = \frac{2{,}8^3}{10} = 2{,}2\,\text{cm}^3$$

$$\sigma' = \frac{M}{W} = \frac{5000}{2{,}2} = 2270\,\text{kg/cm}^2$$

Wenn sich der Turner gehörig Schwung gibt, wird die Biegespannung bedeutend mehr als 2270 kg/cm² betragen. Damit die Stange in ihre ursprüngliche, schnurgerade Gestalt zurückfedert, muß die Streckgrenze des Stahles entsprechend hoch liegen.

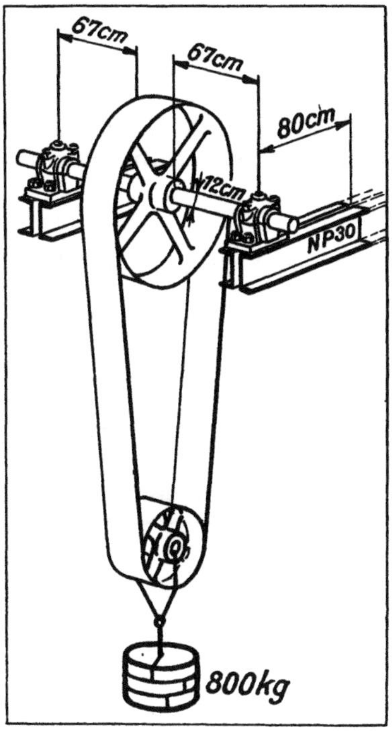

Abb. 109.

Aufg. 48. Die Welle in Abb. 109 bildet auch einen Brückenträger. Wie groß ist ihre Biegespannung im Querschnitt dicht an der Nabe des Rades? Beide Riemenscheiben wiegen insgesamt 260 kg.[1])

Ein Lager trägt also $\frac{800+260}{2} = 530\,\text{kg}$.

$$M = 530 \cdot 67 = 35\,500\,\text{kgcm}$$

$$W = \frac{d^3}{10} = \frac{12^3}{10} = 173\,\text{cm}^3$$

$$\sigma' = \frac{M}{W} = \frac{35\,500}{173} = 205\,\text{kg/cm}^2$$

Aufg. 49. Berechne die Durchbiegung des Brückenträgers in Abb. 108.

Diese ist ebenso groß wie die *eines* Freiträgers in Abb. 107. Gemäß Gl. (14) ergibt sich

$$f = \frac{2}{3} \cdot \frac{160^2 \,.\, 897}{2\,100\,000 \cdot 20} = 0{,}36\ \text{cm}.$$

Die Laufkatze sank also um 0,36 cm.

Aufg. 50. Wie groß ist die Durchbiegung der Welle in Abb. 109?

$$f = \frac{2}{3} \cdot \frac{67^2 \cdot 205}{2\,100\,000 \cdot 12} = 0{,}024\ \text{cm}$$

39. Last in beliebiger Stellung.

In Abb. 112 trägt die rechte Stütze mehr als die linke. Die Stützkräfte pflegt man mit A und B zu bezeichnen. Es muß sein $A + B = P$.

Um B zu berechnen, denke man sich die rechte Stütze entfernt wie in Abb. 111. Dann läßt sich das bekannte Hebelgesetz anwenden:

$$B \cdot l = P \cdot a$$

(16) $$B = P\frac{a}{l}\,.$$

Entsprechend gilt $$A \cdot l = P \cdot b.$$

(17) $$A = P\frac{b}{l}\,.$$

---

1) Damit der Riemen nicht rutscht, muß er genügend gespannt werden. Dies erfordert einen etwa 800 kg starken Zug.

Der Brückenträger besteht gemäß Abb. 110 aus zwei verschieden langen Freiträgern. Deren Lasten gleichen den Stützkräften A und B. *Die Biegemomente beider Freiträger sind gleich groß.* Sonst könnten sich ihre Lasten nicht das Gleichgewicht halten. Für den gefährdetsten Querschnitt I gilt

$$M = B \cdot b = A \cdot a.$$

Da $$B = P \cdot \frac{a}{l},$$ ist

$$M = P\frac{a \cdot b}{l}. \tag{18}$$

Rückt man die Last nach der Mitte des Trägers, so wird $a = b = \frac{l}{2}$. Dann erlangt das Biegemoment seinen Größtwert von

$$M = P\frac{l^2}{4l} = P\frac{l}{4}.$$

Der gefährdetste Querschnitt befindet sich stets dort, wo die Last hängt.

Aufg. 51. Berechne die Biegespannung des Brückenträgers in Abb. 112.

$$M = P\frac{ab}{l} = 760\,\frac{190 \cdot 80}{270} = 42800 \text{ kgcm} \qquad W = \frac{bh^2}{6} = \frac{9 \cdot 18^2}{6} = 486 \text{ cm}^3$$

$$\sigma' = \frac{M}{W} = \frac{42800}{486} = 88 \text{ kg/cm}^2$$

Wo die *Tangente* an die elastische Linie des Brückenträgers in Abb. 112 *waagerecht* verläuft, ist die *Durchbiegung am größten*. Dieser Punkt liegt nicht im Querschnitt I, sondern links daneben!

110
111
112

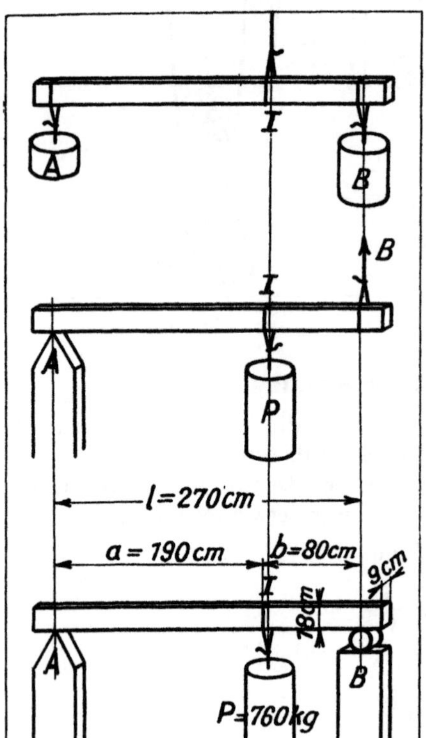

Abb. 110—112.

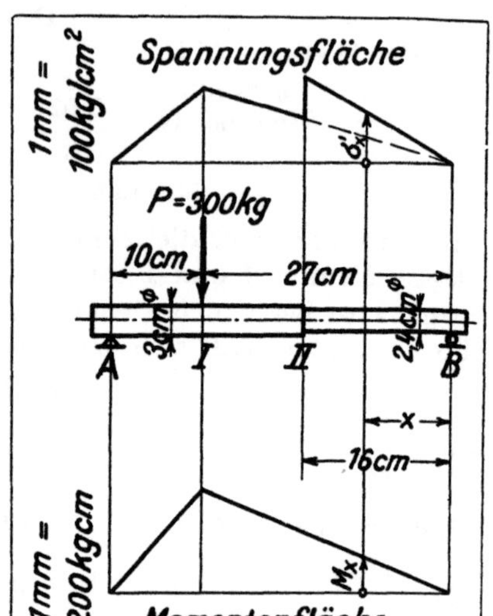

Abb. 113.

Aufg. 52. Berechne für Abb. 113 die Biegespannung der Welle in den Querschnitten I u. II.

$$M_{\mathrm{I}} = \frac{P \cdot ab}{l} = \frac{300 \cdot 10 \cdot 27}{37} = 2190 \text{ kgcm}$$

$$W_{\mathrm{I}} = \frac{d^3}{10} = \frac{3^3}{10} = 2{,}7 \text{ cm}^3 \qquad \sigma'_{\mathrm{I}} = \frac{M_{\mathrm{I}}}{W_{\mathrm{I}}} = \frac{2190}{2{,}7} = 811 \text{ kg/cm}^2$$

$$M_{\mathrm{II}} = B \cdot 16 = \frac{P \cdot a}{l} \cdot 16 = \frac{300 \cdot 10}{37} \cdot 16 = 1299 \text{ kgcm}$$

$$W_{\mathrm{II}} = \frac{2{,}4^3}{10} = 1{,}38 \text{ cm}^3 \qquad \sigma'_{\mathrm{II}} = \frac{M_{\mathrm{II}}}{W_{\mathrm{II}}} = \frac{1299}{1{,}38} = 942 \text{ kg/cm}^2$$

In Abb. 113 oben wurden über der Stützweite der Welle (Abszissenlinie)[1]) die Spannungen σ'_{I} und σ'_{II} als Ordinaten aufgetragen im Maßstabe 1 mm = 100 kg/cm².

Von A bis I wächst die Spannung ganz gleichmäßig, also keilförmig. Von I bis II sinkt sie keilförmig mit der Richtung auf B (gestrichelt angedeutet).

Im Querschnitt II schnellt die Spannung plötzlich an, weil dort die Welle dünner wird. Von II bis B sinkt die Spannung wiederum keilförmig, aber rascher (steiler) als im Abschnitt I bis II.

Die Spannung im Abstande x braucht nicht berechnet zu werden. Sie läßt sich aus der Spannungsfläche abgreifen. Die Ordinate σ'_x mißt 5,5 mm.

Also ist $$\sigma'_x = 5{,}5 \cdot 100 = 550 \text{ kg/cm}^2.$$

In Abb. 113 unten wurde das Biegemoment M_{I} als Ordinate im Maßstabe 1 mm = 200 kgcm aufgetragen. Im Gegensatz zur Biegespannung ist das Biegemoment nicht vom Durchmesser der Welle abhängig, sondern lediglich von ihrer Länge, vom Hebelarm. Darum sinkt das Biegemoment von I bis B ununterbrochen. Spannungs- und Momentenflächen können also sehr *verschieden begrenzt* sein.

Die Ordinate der Momentenfläche im Abstande x mißt 3,8 mm. Also ist dort $M_x = 3{,}8 \cdot 200 = 760$ kgcm. Je größer die Zeichnung, desto genauer das Ergebnis.

40. Eine Deckenfahrbahn.

Der Elektrozug in Abb. 114 wiegt 200 kg. Die gesamte Last beträgt also $12 \cdot 100 \text{ kg} + 200 \text{ kg} = 1400$ kg.

Aufg. 53. Berechne die Biegespannung der Fahrbahn, falls die Last so weit wie möglich hinausgefahren ist (Abb. 115).

$$M = \mathrm{P} \cdot l_1 = 1400 \cdot 165 = 231\,000 \text{ kgcm} \qquad W = 923 \text{ cm}^3$$

Also gilt für Querschnitt B

$$\sigma' = \frac{M}{W} = \frac{231\,000}{923} = 250 \text{ kg/cm}^2.$$

Die geneigten Linien in Abb. 115 veranschaulichen, wie die Biegespannung keilförmig an- und abschwillt. Diese ist also im Querschnitt I halb so stark wie im Querschnitt B.

1) Abszisse = Abschnitt.

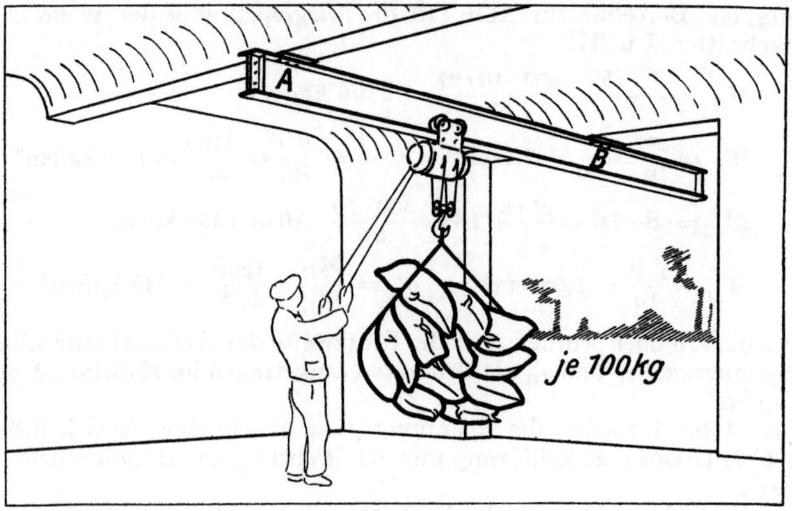

Abb. 114.

Abb. 116 zeigt die ungünstigste Stellung der Last, wenn sie sich zwischen *A* und *B* befindet.

Aufg. 54. Berechne auch für diesen Fall die Biegespannung.

$$M = P \cdot \frac{l_2}{4} = 1400 \frac{380}{4} = 133\,000 \text{ kgcm} \qquad W = 923 \text{ cm}^3$$

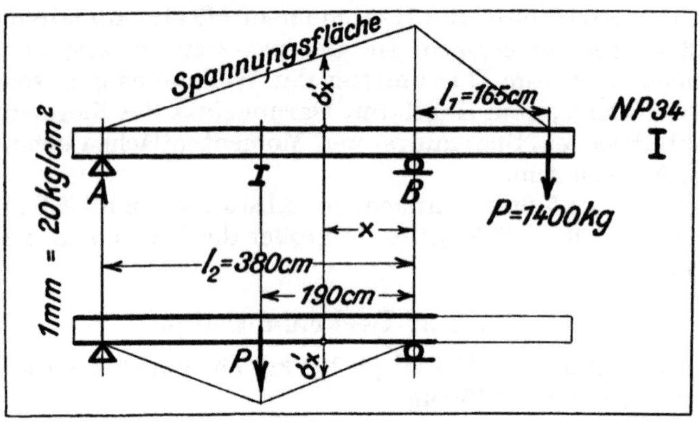

Abb. 115 und 116.

Also gilt für Querschnitt I in Abb. 116

$$\sigma' = \frac{133000}{923} = 144 \text{ kg/cm}^2.$$

Das ins Freie ragende Gebiet der Fahrbahn ist spannungslos. —

Um für Abb. 115 die Stützkraft *B* zu berechnen, denke man sie sich ersetzt durch den senkrechten Zug eines Seiles wie in Abb. 111. Dann folgt aus dem Hebelgesetz $B \cdot l_2 = P(l_1 + l_2)$

$$B = P \frac{l_1 + l_2}{l_2} = 1400 \frac{165 + 380}{380} = 2010 \text{ kg.}$$

Diese 2010 kg verteilen sich auf 6 Schrauben (Abb. 114).

Ferner ist $P + A = B$. Also $A = B - P = 2010 - 1400 = 610$ kg.

41. Spiegelgleiche Belastung.

In Abb. 117 und 118 sind die gleich schweren Lasten von der Mitte der Stützen gleich weit entfernt. Solche *spiegelgleichen* (symmetrischen) Belastungen kommen sehr häufig vor.

Aufg. 55. Berechne die Biegespannung.

$$M = 1200 \cdot 150 = 180\,000 \text{ kgcm} \qquad W = \frac{b h^2}{6} = \frac{20 \cdot 30^2}{6} = 3000 \text{ cm}^3$$

$$\sigma' = \frac{M}{W} = \frac{180\,000}{3000} = 60 \text{ kg/cm}^2$$

Diese Rechnung gilt auch für Abb. 118.

117

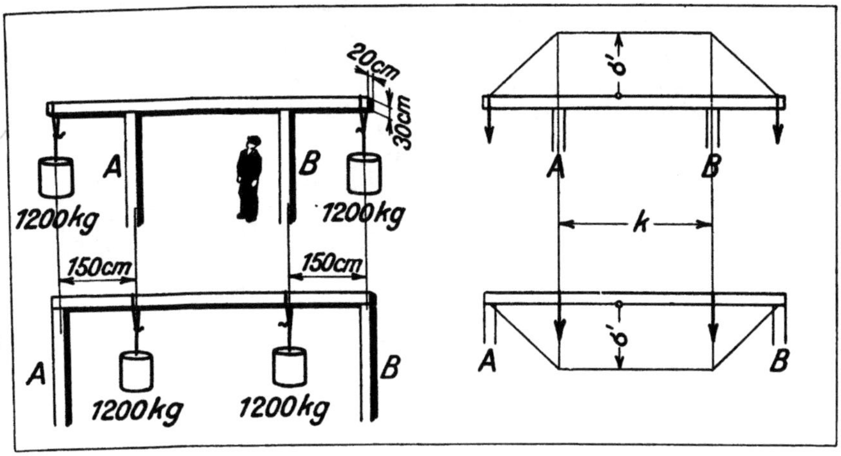

119

118

120

Abb. 117—120.

Abb. 119 u. 120 veranschaulichen den Verlauf der Biegespannung. In jedem Querschnitt des Gebietes k beträgt die Randspannung 60 kg/cm². Hier krümmte sich der Balken überall gleich stark, also genau *kreisförmig*.

Aufg. 56. Berechne den dortigen Krümmungshalbmesser.

Da für Holz $E = 100\,000$ kg/cm² ist, ergibt sich

$$\varrho = \frac{E \cdot \frac{h}{2}}{\sigma'} = \frac{100\,000 \cdot 15}{60} = 25\,000 \text{ cm} = 250 \text{ m}.$$

42. Ein Wagen.

Abb. 121 zeigt einen kleinen Werkstattwagen. Jedes Rad trägt $\frac{1}{4}$ der Last. Die Löcher für die Schraubenbolzen der Wälzlager schwächen das U-Eisen. Dies soll unberücksichtigt bleiben.

Aufg. 57. Berechne die Biegespannung des Rahmens und der Radachsen.

I. Längsträger.

$$M = 450 \text{ kg} \cdot 52 \text{ cm} = 23400 \text{ kgcm} \qquad W = 150 \text{ cm}^3$$

$$\sigma' = \frac{M}{W} = \frac{23400}{150} = 156 \text{ kg/cm}^2$$

Diese Spannung ist im obersten und untersten Rande *jedes* Querschnittes vorhanden, der zwischen *A* und *B* liegt. In diesem Gebiet krümmt sich das U-Eisen überall gleich stark, also *kreisförmig*.

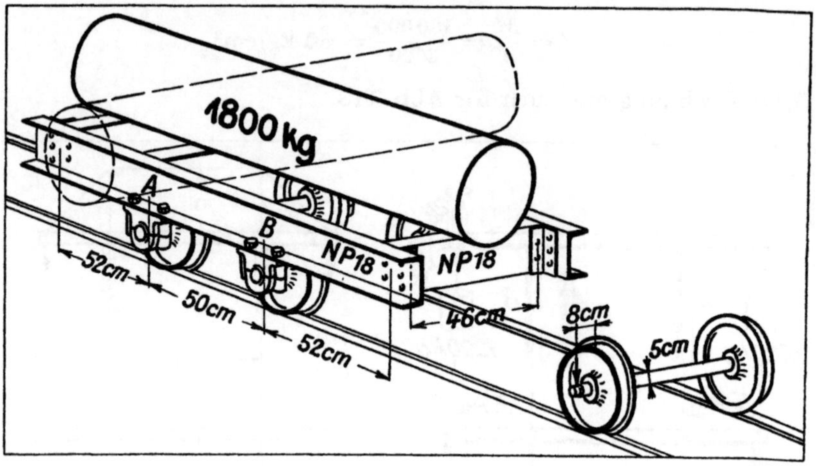

Abb. 121.

Zuweilen nimmt die Last die gestrichelt gezeichnete Stellung ein. Dann entfällt wiederum auf jedes Rad $\frac{1}{4}$ der Last.

$$M = \frac{900 \text{ kg} \cdot 50 \text{ cm}}{4} = 11250 \text{ kgcm} \qquad W = 150 \text{ cm}^3$$

$$\sigma' = \frac{11250}{150} = 75 \text{ kg/cm}^2$$

Zeichne den Längsträger im Maßstabe 1 : 10 auf und trage darüber den Verlauf der Biegespannung im Maßstabe 1 mm = 2 kg/cm² ein (auch für die gestrichelte Laststellung).

II. Querträger.

$$M = \frac{900 \text{ kg} \cdot 46 \text{ cm}}{4} = 10350 \text{ kgcm} \qquad W = 150 \text{ cm}^3$$

$$\sigma' = \frac{10350}{150} = 69 \text{ kg/cm}^2$$

Diese Randspannung herrscht nur in *dem* Querschnitt, der den Querträger halbiert. Die Querträger krümmen sich *nicht kreisförmig*.

III. Radachse.

Rollt die gestrichelt gezeichnete Last bis senkrecht über eine der Achsen, so wird diese am stärksten angestrengt. Der Hebelarm von 8 cm reicht von

Mitte Lager bis Mitte Laufkranz des Rades. Der Durchmesser der Nabenbohrung beträgt 5 cm.

$$M = 900 \text{ kg} \cdot 8 \text{ cm} = 7200 \text{ kgcm} \qquad W = \frac{d^3}{10} = \frac{5^3}{10} = 12{,}5 \text{ cm}^3$$

$$\sigma' = \frac{7200}{12{,}5} = 576 \text{ kg/cm}^2$$

Diese Biegespannung ist in *jedem* Querschnitt zwischen den Rädern vorhanden. In diesem Bereich krümmt sich die Achse überall genau *kreisförmig*.

Während der Fahrt werden die Fasern der Achse abwechselnd gezogen und gedrückt, verlängert und verkürzt. Dadurch können Dauerbrüche entstehen.

Die Radachse eines Pfannenwagens für flüssiges Roheisen wurde durch einen Eisenspritzer etwas gehärtet. Hier änderte sich das Gefüge der Achse. Das genügte, um einen folgenschweren Dauerbruch einzuleiten.

Die Achsen der Schnellzüge neigen besonders stark zum Dauerbruch, weil sie heftige Schläge erleiden infolge der zahllosen Lücken in den Schienen, Weichen und Kreuzungen.

Die Löcher in den Schienenlaschen dürfen nicht mit dem Schneidbrenner herausgeschmolzen werden. Dadurch würde sich das Gefüge am Lochrand bedeutend ändern (Härtung). Ein Dauerbruch wäre besonders leicht möglich.

43. Biegeschwingungen.

Je weiter die Schenkel einer Stimmgabel ausschlagen, desto lauter ist der Ton. Dieser besitzt stets dieselbe Höhe. Die Schenkel der Gabel führen also in jeder Sekunde gleich viel Schwingungen aus, auch wenn der Ton immer leiser wird. Es erfolgen 435 Schwingungen in 1 Sekunde. Unter 1 Schwingung versteht man 2 Ausschläge in entgegengesetzter Richtung, also einen Hingang und einen Hergang.

Verkürzt man die Schenkel der Stimmgabel, so schwingen sie rascher. Der Ton wird höher.

Um die Dauerfestigkeit zu prüfen, wird ein kleiner Probestab wie etwa eine Lokomotiv-Kolbenstange auf Zug und Druck beansprucht. In dem Probestab wechselt jedoch die Spannung viel rascher, nämlich 500mal in 1 Sekunde. Das wird elektromagnetisch erreicht.

Auf diese Weise läßt sich in wenigen Minuten die Dauerfestigkeit verschiedener Stahlmarken miteinander vergleichen. Der Probestab tönt höher als die Stimmgabel, da diese nur 435 Schwingungen in 1 Sekunde ausführt. Weil er ferner unerträglich laut tönt, muß die Prüfvorrichtung in einer schalldichten Zelle aufgestellt werden.

Die Schwingungen dieses Probestabes verlaufen in seiner Längsrichtung, die der Stimmgabel sind dagegen quer zum Schenkel gerichtet. Durch derartige Biegeschwingungen prüft man z. B. die Schaufeln für Dampfturbinen.

Betrachte Abb. 87. Schlägt man auf das Ende des Freiträgers, so gerät er in senkrechte Schwingungen. Er zittert und vollbringt in *jeder Sekunde stets gleich viel Schwingungen*. Hierbei ist es einerlei, wie stark er angeschlagen wurde, wie weit er also schwingt.

Die sekundliche Schwingungszahl werde mit n_s bezeichnet. Sie läßt sich im voraus berechnen. Ist das Gewicht des Trägers gering, verglichen mit dem der Last, so gilt

$$(19) \qquad n_s = \frac{5{,}0}{\sqrt{f}}.$$

Diese Beziehung wird auf Seite 83 näher erläutert.

Es bedeutet f die Senkung der Last in cm. Für Abb. 87 wurde bereits f zu 0,55 cm errechnet. Also ist $n_s = \frac{5{,}0}{\sqrt{0{,}55}} = 6{,}7$.

Die Last vollführt demnach 6,7 Schwingungen in 1 Sekunde.

Die Saite für das tiefste „c“ auf dem Klavier macht 16,2 Schwingungen in 1 Sekunde.

Je weiter der Freiträger in Ab. 87 ausschlägt, desto weiter sind die Grenzen, zwischen denen die Biegespannung in 1 Sekunde 6,7 mal schwankt. *Der schwingende (dynamisch beanspruchte) Werkstoff bricht infolge einer viel geringeren Spannung als der ruhende (statisch angestrengte)!*

Aufg. 58. Berechne die sekundliche Schwingungszahl der Welle in Abb. 122. Jedes Lager trägt genau eine Hälfte der Last.

$$M = 25000\ \text{kg} \cdot 90\ \text{cm} = 2250000\ \text{kgcm} \qquad W = \frac{d^3}{10} = \frac{40^3}{10} = 6400\ \text{cm}^3$$

$$\sigma' = \frac{M}{W} = \frac{2250000}{6400} = 352\ \text{kg/cm}^2$$

$$f = \frac{2}{3} \cdot \frac{l^2 \cdot \sigma'}{E \cdot h} = \frac{2}{3} \cdot \frac{90^2 \cdot 352}{2100000 \cdot 40} = 0{,}023\ \text{cm}^3$$

$$n_s = \frac{5{,}0}{\sqrt{f}} = \frac{5{,}0}{\sqrt{0{,}023}} = 33$$

Wird das noch stillstehende Rad auf irgendeine Weise erschüttert, so schwingt sein Schwerpunkt auf einer Geraden in 1 Sekunde 33 mal. Dreht sich gleichzeitig das Rad, so erzeugen die Schwingungen eine Fliehkraft. Zum Unterschied von der sekundlichen Drehzahl wird $n_s = 5{,}0/\sqrt{f}$ die sekundliche *Eigenschwingungszahl* genannt. —

Knote einen kleinen Stein an ein Gummiband und hänge ihn an dem Gestell eines Fallhammers auf. Der Stein steht still. Jetzt fällt der Bär auf den Ambos. Der Stein tanzt ein wenig auf und ab. Sein Hub wird länger, wenn der zweite Schlag des Hammers im *rechten* Augenblick erfolgt. Fährt man so fort, so holt der Stein immer weiter aus, bis das Band reißt. Stein und Bär waren in gleichem Takt, in *Resonanz*.

Abb. 122.

Dreht sich die Schwungscheibe (Abb. 122) 33 mal in 1 Sekunde, so kann zufällig Resonanz eintreten. Dann vergrößert die Fliehkraft die Schwingungsweite nach jeder Umdrehung immer mehr. Dadurch wächst gleichzeitig auch die Fliehkraft.

Die Grenzen, zwischen denen die Biegespannung der Welle schwankt, erweitern sich bedeutend. *Die Welle läuft sehr unruhig.* Sie schleudert und nutzt die Lager schnell ab. Die Drehzahl $n_s = 33$/Sekd. ist nur dann bedenklich (kritisch), wenn zufällig Resonanz eintritt, wenn also die Fliehkraft die Biegeschwingung nicht aufhebt, sondern verstärkt. Darum wird $n_s = 5{,}0/\sqrt{f}$ auch die *kritische Drehzahl* genannt.

Die Schwungscheibe macht in Wirklichkeit höchstens 15 Umläufe in 1 Sekunde. Deshalb ist *andauernde* Resonanz nicht zu befürchten.

Die Drehzahl der Dampfturbinenläufer ist bedeutend größer als ihre Eigenschwingungszahl. Während des Anlaufens muß also die Turbine die kritische Drehzahl annehmen. Da diese nur einige Augenblicke beibehalten wird, und die Läufer besonders gut ausgewuchtet sind, machen sich die üblen Folgen einer Resonanz kaum bemerkbar.[1])

Weicht die Drehzahl nach oben oder unten von der kritischen ab, so tritt *auch* Resonanz ein. Aber sogleich wirkt die Fliehkraft entgegengesetzt und schwächt die vorher verstärkte Schwingung immer wieder ab. Die Welle läuft also ruhig.

Herrscht aber ununterbrochen Resonanz, so *wachsen Fliehkraft und Schwingungsweite wechselseitig*. Dann kann bereits eine anfänglich ganz geringe Fliehkraft einen *Wellenbruch* verursachen.

Eine mannshohe, mehrere Tausend Kilogramm schwere Glocke vermag ein kleines Kind immer weiter aufzuschaukeln, wenn es in gleichem Takte zieht, wie die Glocke schwingt.

Viele Dauerbrüche sind durch anhaltende Resonanz entstanden. Diese gefährdet den Werkstoff also außerordentlich stark, so stark wie etwa Kerben, die schlagartig beansprucht werden.

44. Schrauben- und Schneckenfedern.

Betrachte Abb. 123. Die Enden der *Schraubenfeder*[2]) sind fest eingespannt wie im Schraubstock. Dreht sich die Radscheibe abwechselnd rechts und links herum, so nimmt die Krümmung des Rundstahles zu und ab. Dies geschieht überall gleich stark.

Folglich entsteht in jedem Querschnitt der Feder eine gleich starke *Biegespannung*. Einen „gefährdetsten" Querschnitt gibt es nicht. Diese Schraubenfeder ist also in dem Bereich zwischen den Querschnitten I und II ein „Körper gleicher Biegespannung". Der Rundstahl wird beansprucht wie der des Brückenträgers in Abb. 124. Der *Hebelarm* der Last ist gleich dem *Halbmesser* der Radscheibe.

Das Biegemoment ergibt sich aus

$$M = 100 \text{ kg} \cdot 23 \text{ cm} = 2300 \text{ kgcm}.$$

Es ist in Wirklichkeit etwas kleiner infolge der Reibung zwischen Rad und Welle. Diese soll unberücksichtigt bleiben.

$$W = \frac{d^3}{10} = \frac{1{,}6^3}{10} = 0{,}41 \text{ cm}^3$$

Also ergibt sich die Biegespannung der Feder zu

$$\sigma' = \frac{M}{W} = \frac{2300}{0{,}41} = 5620 \text{ kg/cm}^2.$$

Für das Biegemoment wurden weder der *Durchmesser* der Windungen, noch deren *Anzahl* benötigt. Von der Länge des Rundstahles (zwischen den Querschnitten I und II) ist also die Größe der Biegespannung völlig unabhängig.

Die Last hat das Rad gedreht. Dieser Winkel läßt sich im voraus ermitteln:

---

1) Macht ein Dampfturbinenläufer 3000 Uml./min und liegt sein Schwerpunkt nur 0,1 mm aus der Mitte, so entsteht eine Fliehkraft, die gleich dem Eigengewicht des Läufers ist!

2) Diese Feder Spiralfeder zu nennen, ist verfehlt. Abb. 127 zeigt eine Spiralfeder. Sie sollte besser als Schneckenfeder bezeichnet werden.

123 124 125

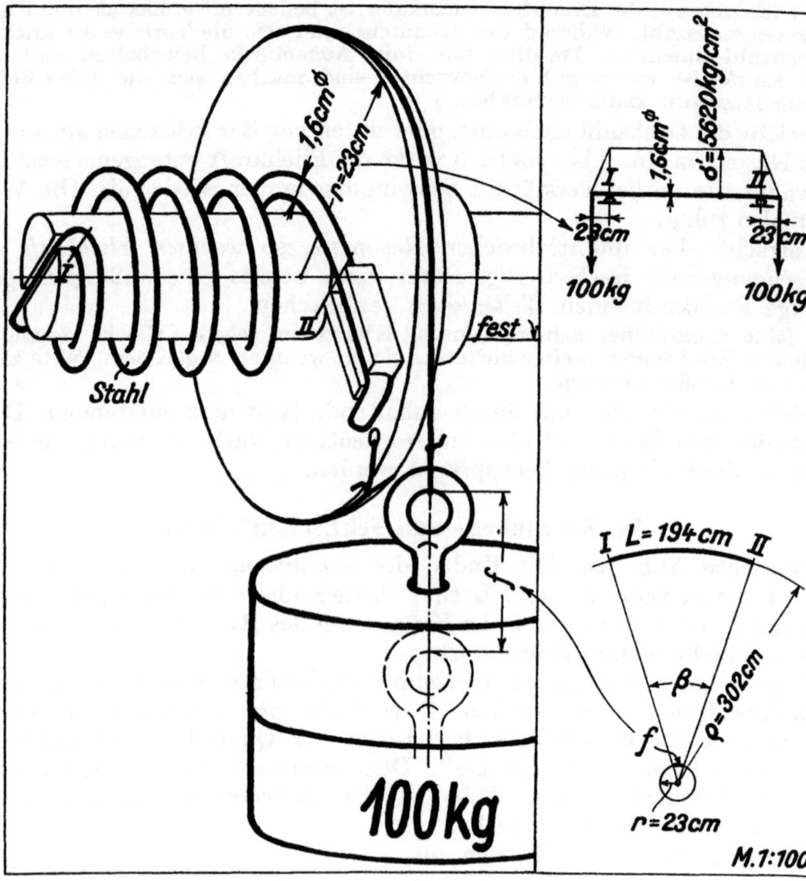

Abb. 123—125.

Die Länge der Nullschicht von I bis II beträgt 194 cm. Jetzt denke man sich einen *geraden* Stab aus Rundstahl, 194 cm lang, 1,6 cm dick. In jedem Querschnitt erzeuge eine Biegespannung von 5620 kg/cm². Zu diesem Zwecke muß der Stab überall *kreisförmig* verbogen werden (Abb. 125). Der Krümmungshalbmesser der Nullschicht ergibt sich, wenn $E = 2120000$ kg/cm², zu

$$\varrho = \frac{E \cdot \frac{h}{2}}{\sigma'} = \frac{2120000 \cdot \frac{1,6}{2}}{5620} = 302 \text{ cm.}$$

Mit diesem Halbmesser zeichne im verkleinerten Maßstab einen Kreisbogen (Abb. 125). Darauf trage 194 cm maßstäblich ab. Dann erhält man den Winkel β. Er wird gebildet von den Querschnitten I und II: Um denselben Winkel hat sich das Rad gedreht. —

Im Gegensatz zur Biegespannung wird β um so größer, je länger der Rundstahl, also je größer der Durchmesser der Windungen und deren Anzahl ist. —

Die 100 kg schwere Last sank um eine Strecke f. Diese wickelte sich ab von einem Kreise mit 23 cm Halbmesser. Gemäß Abb. 125 läßt sich der Federhub f berechnen aus der Bedingung

$$f : 194 = 23 : 302$$

$$f = 14{,}8 \text{ cm}.$$

Aufg. 59. Eine Schraubenfeder, deren Drahtdicke 0,4 cm mißt, soll wie in Abb. 123 einem Drehmoment von 29,5 kgcm widerstehen.

Berechne die Biegespannung.

$$W = \frac{d^3}{10} = \frac{0{,}4^3}{10} = 0{,}0064 \text{ cm}^3$$

$$\sigma' = \frac{M}{W} = \frac{29{,}5}{0{,}0064} = 4610 \text{ kg/cm}^2$$

In Abb. 123 ist der *Durchmesser der Windungen gleichgültig*. Darum ändert sich die Biegespannung der Feder nicht, wenn sie statt schraubenförmig schneckenförmig gewunden wird.

Aufg. 60. Die stählerne *Schneckenfeder* in Abb. 127 besitzt eine nutzbare Länge von 162 cm. Ermittle σ' und β.

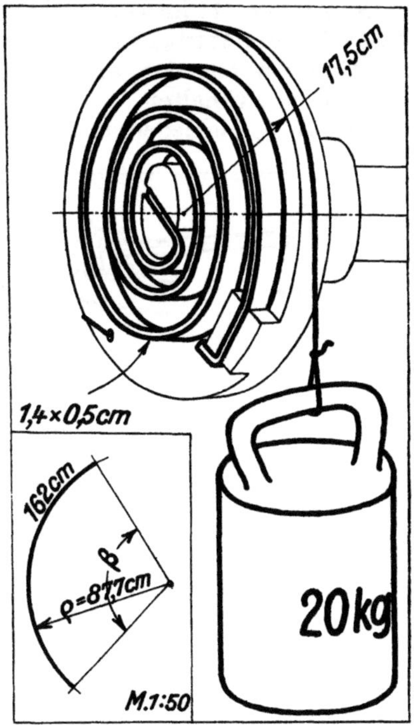

Abb. 126 und 127.

$$M = 20 \text{ kg} \cdot 17{,}5 \text{ cm} = 350 \text{ kgcm} \qquad W = \frac{b\,h^2}{6} = \frac{1{,}4 \cdot 0{,}5^2}{6} = 0{,}0584 \text{ cm}^3$$

$$\sigma' = \frac{M}{W} = \frac{350}{0{,}0584} = 5990 \text{ kg/cm}^2$$

Auf der inneren und äußeren Mantelfläche der Feder beträgt die Biegespannung überall 5990 kg/cm².

$$\varrho = \frac{E \cdot \frac{h}{2}}{\sigma'} = \frac{2\,100\,000 \cdot \frac{0{,}5}{2}}{5990} = 87{,}7 \text{ cm}$$

Hiermit ergibt sich gemäß Abb. 126 der Winkel β zu über 90°.

Betrachte Abb. 123. Beide Enden der Feder bilden einen Haken. Deshalb wird sie außer durch Biegung noch durch Zug beansprucht. Die Zugspannung ist im Verhältnis zur Biegespannung verschwindend klein und kann vernachlässigt werden.

IX. Drehung.

45. Die Drehspannung.

Die Welle in Abb. 128 denke man sich aus lauter schnurgeraden Fasern (Drähten) zusammengeschweißt. Es übt jemand ein *Drehmoment* aus. Das Rad hat sich ein wenig gedreht, obwohl das linke (unsichtbare) Ende der Welle noch stehengeblieben ist. Läßt man das Seil los, so schnellt das Rad zurück. —

Nun betrachte im Geiste ein reifes Kornfeld. Kein Halm regt sich. Plötzlich fährt der Wirbelwind dazwischen. In der Mitte des Wirbels neigen sich die Halme wenig oder gar nicht. Je weiter nach außen sie stehen, desto mehr müssen sie aushalten.

Ebenso verschieden stark sind in Abb. 128 die Fasern der Welle gespannt. Die *mittlere* Faser (Mittelachse) ist *spannungslos*. Sie entspricht dem windstillen Gebiet (Wirbelachse) im Kornfeld.

Abb. 128.

Die Welle kann in zwei Stücke *zerdreht* werden. Erfolgt der Bruch innerhalb des linken Lagers, so schaben sich die Trennungsflächen glatt. Die Fasern wurden *zerschnitten*. Die Bruchflächen gleichen Stoppelfeldern. Drehspannungen sind also verwandt mit den Scher- oder Schubspannungen τ. Zum Unterschied kürzt man Drehspannungen mit τ' ab.

Durch die äußeren Jahresringe eines Baumstammes strömt am meisten Lebenssaft. Die inneren Ringe sind fast abgestorben. Etwa ebenso ungleich ist der *Kraftstrom* in einer Welle, die durch Drehung angestrengt wird.

46. Das Drehwiderstandsmoment.

Betrachte Abb. 129. Die Drehspannung wächst vom Mittelpunkt nach außen in *allen* Richtungen gleich stark *und* keilförmig an. In *allen* Punkten des Querschnitt*randes* ist also die *Dreh*spannung gleich stark. Die größte *Biege*spannung herrscht jedoch lediglich in *zwei* Punkten desselben Querschnittes.

In Abb. 130 u. 131 sind nur die wichtigeren Schichten angedeutet. Innerhalb einer *kreis*förmigen Schicht ist die *Dreh*spannung, innerhalb einer *geraden* Schicht die *Biege*spannung überall gleich stark.

Die angedeuteten kreisförmigen Schichten nehmen einen viel größeren Teil des Querschnittes ein als die geraden. *Darum nutzt Drehung den Werk-*

129 130 131 132

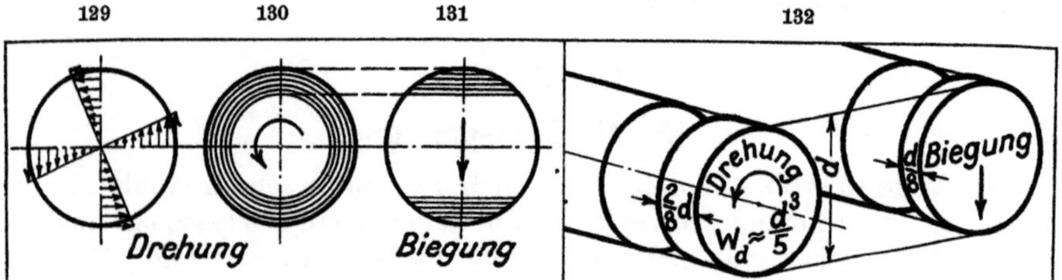

Abb. 129—132.

stoff viel gründlicher aus als Biegung! Von der Drehspannung bleibt nur eine einzige Faser (Null*faser*) verschont, von der Biegespannung jedoch eine ganze Reihe von Fasern (Null*schicht*).

Um in einer Welle mit 10 cm Durchmesser eine Biegespannung von 1 kg/cm² zu erzeugen, ist ein Biegemoment erforderlich von $\frac{d^3}{10} = \frac{10^3}{10} = 100$ kgcm. Soll auf dem Mantel derselben Welle eine *Dreh*spannung von 1 kg/cm² entstehen, so muß das Drehmoment 200 kgcm, also genau das Doppelte betragen.[1])

Zum Unterschied vom Biegewiderstandsmoment W bezeichnet man das Drehwiderstandsmoment mit W_d. Es ist also für kreisförmige Querschnitte.

(20) $$W_d = 2W.$$

Die Platten in Abb. 132 verkörpern die Widerstandsmomente für Drehung und Biegung.

$$W_d = F \cdot \frac{2}{8} d = \frac{\pi}{4} d^2 \frac{2}{8} d = \frac{\pi}{16} d^3$$

Setzt man $\frac{\pi}{16} \approx \frac{1}{5}$, so wird

(21) $$W_d \approx \frac{d^3}{5}.$$

Der Drehwiderstand wächst wie der Biegewiderstand im *kubischen* Verhältnis zum Durchmesser.

Die Dauerfestigkeit des Stahles gegen Drehung ist nur etwa halb so groß wie seine Dauerfestigkeit gegen Biegung. Wenn man dies berücksichtigt, wird der Malwert 2 in $W_d = 2W$ gewissermaßen aufgehoben.

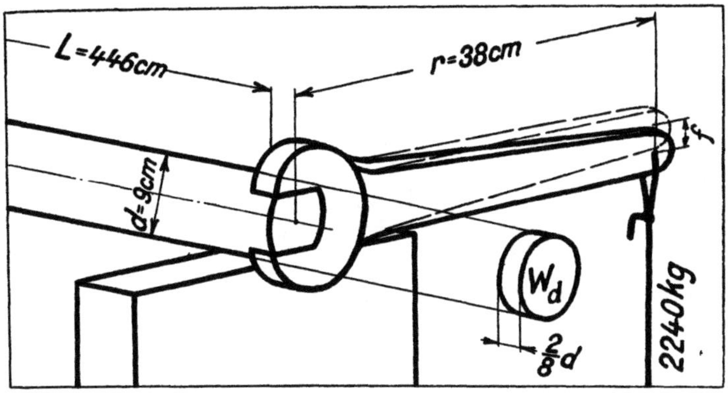

Abb. 133.

Die Welle in Abb. 133 wird um so stärker gespannt, je schwerer die Last P und je länger ihr Hebelarm r ist. Nicht die Last stellt die Welle auf die Probe, sondern das *Drehmoment* der Last. Dies wird zum Unterschied vom Biegemoment mit M_d bezeichnet. Es ist

(22) $$M_d = P \cdot r.$$

Für Abb. 133 gilt $M_d = 2240 \cdot 38 = 85120$ kgcm,

falls die Welle neben dem Schraubenschlüssel reibungslos gelagert ist.

1) Wie sich dies beweisen läßt, siehe Seite 94.

An der Stelle des Schraubenschlüssels denke man sich den Arm eines Zahnrades, dessen Teilkreishalbmesser 38 cm und dessen Zahndruck 2240 kg betragen.

$$W_d = \frac{d^3}{5} = \frac{9^3}{5} = 146 \text{ cm}^3$$

Ebensoviel cm³ enthält die runde Platte in Abb. 133. Das heißt, ein Drehmoment von 146 kgcm erzeugt *überall* auf dem *Mantel* der Welle eine Drehspannung von 1 kg/cm². Folglich bringen 85120 kgcm eine Drehspannung von $\frac{85120}{146} = 583$ kg/cm² hervor.

Im abgeflachten Querschnitt unmittelbar neben dem Schraubenschlüssel ist τ' natürlich größer als 583 kg/cm².

Allgemein gilt

(23) $$\tau' = \frac{M_d}{W_d}.$$

Aufg. 61. Ein Bootsmotor von 30 PS überträgt auf die Schraubenwelle ein Drehmoment von 159 kgcm. Diese ist 4,8 cm dick. Berechne die Drehspannung der Welle.

$$W_d = \frac{d^3}{5} = \frac{4{,}8^3}{5} = 22{,}1 \text{ cm}^3 \qquad \tau' = \frac{M_d}{W_d} = \frac{159}{22{,}1} = 7{,}2 \text{ kg/cm}^2$$

Die Anstrengung dieser Schraubenwelle ist also verschwindend klein, falls keine Drehschwingungen eintreten (vgl. S. 82).

Die Welle in Abb. 134 besitzt *in* der Nabe denselben Durchmesser wie außerhalb. Im Querschnitt *e* wurde die Welle zerdreht. Es entstand ein spröder Bruch, obwohl die Welle sonst zähe und ihr Querschnittverlauf stetig ist. Da aber das Rad *warm aufgeschrumpft* wurde, bildete es mit der Welle ein Ganzes. Beide Teile waren sozusagen miteinander verwachsen. *Deshalb wirkte die einspringende Ecke e als Kerbe.*

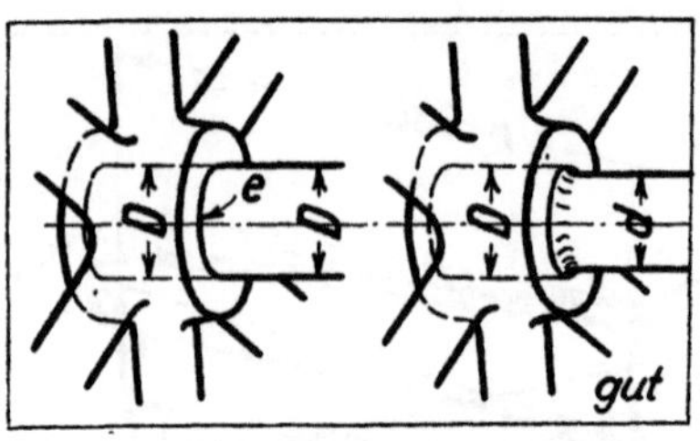

Abb. 134 und 135.

Diese ist besonders gefahrvoll, wenn sie statt durch Biegung durch Drehung beansprucht wird. Dann herrscht die Größtspannung in *allen* Punkten des Querschnittrandes. Eine kleine Hohlkehle wie in Abb. 135 erhöht die Sicherheit bedeutend!

Die Radachsen der Eisenbahnwagen erleiden nur Biegung, die der Lokomotiven werden außerdem vor allem durch Drehung angestrengt. Deshalb ist eine Hohlkehle wie in Abb. 135 neben den Naben der *Lokomotiv*-Radsterne sehr wichtig.

47. Verwindung und Federhub.

Siehe Abb. 136. Die Mantellinien auf den sehr elastischen Stäben *A* und *B* sind gleich lang. Stab *B* wurde zu *B'* verdreht. Aus der geraden Mantellinie entstand eine *Schraubenlinie*.

Wird Stab *A* (mit den Händen) so weit verdreht, bis die in der Abbildung angedeuteten Winkel gleich sind, so herrscht auf den Mänteln beider Stäbe eine gleich starke Drehspannung.

Die Durchmesser der Stäbe B' und A' verhalten sich wie 1:2, ihre Drehmomente aber wie $1^3 : 2^3$ oder 1 : 8. Dagegen beschreibt die Schraubenlinie auf B' nur doppelt soviel Windungen wie auf A'. *Dünne Wellen federn*

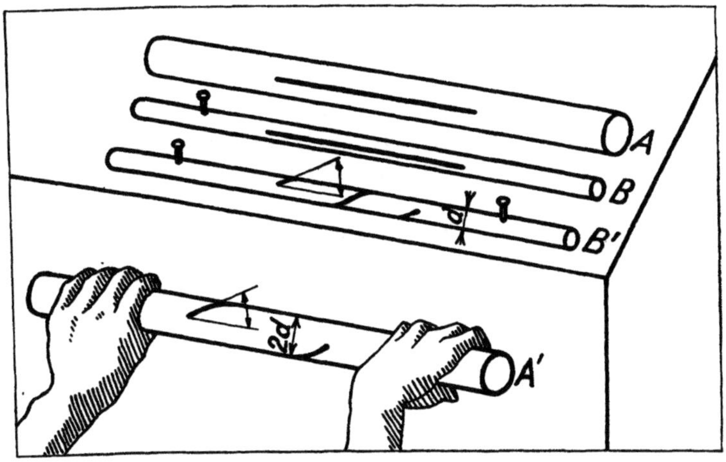

Abb. 136.

also besser als dicke, gleiche Länge und Drehspannung, sowie gleichen Werkstoff vorausgesetzt.

In abwechselnd vorwärts und rückwärts laufenden Wellen (Verkehrswesen) entstehen häufig Dauerbrüche. Die zerdrehte Welle durch eine dünnere, weniger starre zu ersetzen, hat zuweilen mehr Erfolg als umgekehrt.

In Abb. 137 besitzen zwei Wellenquerschnitte den Abstand L. Sie haben sich infolge der Spannung τ' gegeneinander verdreht (verschoben). Das kann gemessen werden durch die Länge des Kreisbogens ω. Dessen Halbmesser beträgt 1 cm.

Es ist ω um so größer, je größer L, je größer τ', aber je kleiner $\frac{d}{2}$ ist. In der folgenden Formel zur Berechnung von ω stehen daher ganz richtig L und τ' im Zähler und $\frac{d}{2}$ im Nenner. Es ist

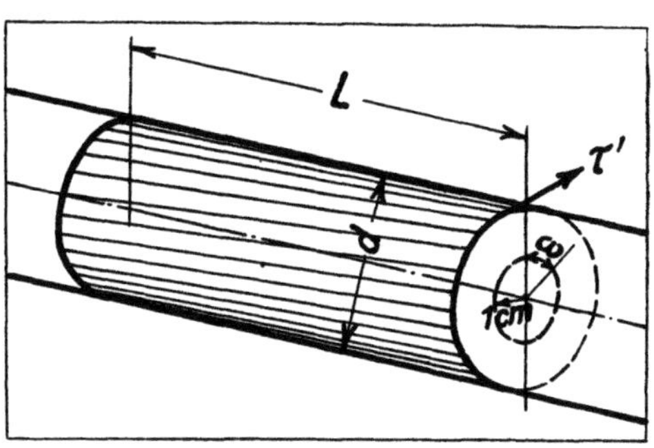

Abb. 137.

$$\omega = \frac{L \cdot \tau'}{G \cdot \frac{d}{2}}. \tag{24}$$

Hierin berücksichtigt G die elastische Eigenart des Werkstoffes. Das Schubelastizitätsmaß G wird kurz *Gleitmaß* genannt. Es läßt sich durch einen Versuch ermitteln. Man mißt den Verdrehungsbogen ω einer Welle, berechnet τ' aus Gl. (23) und schließlich G aus Gl. (24). Das Gleitmaß G bedeutet wie das Elastizitätsmaß E eine Spannung, ausgedrückt in kg/cm².

Durchschnittlich ist

für Stahl $G = 850000\ \mathrm{kg/cm^2}$

„ Messing $G = 400000\ \mathrm{kg/cm^2}$.

Also ist Messing etwa doppelt so schubelastisch wie Stahl. Alle Stahlmarken besitzen fast dasselbe Gleitmaß, obwohl ihre Festigkeit sehr verschieden groß ist.

Aus Gl. 24 ergibt sich ω als unbenannte Zahl. Die jeweilige Benennung des Verdrehungsbogens ω richtet sich nach der jeweiligen Maßeinheit seines Halbmessers. Beträgt dieser z. B. 1 m oder 1 dm, so bedeutet ω auch soundsoviel m oder dm. —

In Abb. 133 liegt der Federhub f auf einem flachen Kreisbogen mit dem Halbmesser r. Die Federung des Schraubenschlüssels ist verschwindend klein, verglichen mit der der Welle. Nimmt man ihn als starr an, so gilt

$$f = r \cdot \omega.$$

Hierin den obigen Wert für ω eingesetzt, ergibt

$$f = \frac{r \cdot L \cdot \tau'}{G \cdot \frac{d}{2}}. \tag{25}$$

Diese Formel ist ähnlich gebaut wie die für den Hub einer dreieckigen Blattfeder. (Gl. (13).)

Man erhält f in cm, denn $\frac{\mathrm{cm \cdot cm \cdot kg/cm^2}}{\mathrm{kg/cm^2 \cdot cm}} = \mathrm{cm}$.

In Abb. 133 ist $f = \frac{38 \cdot 446 \cdot 583}{850000 \cdot \frac{9}{2}} = 2{,}59\ \mathrm{cm}$.

48. Schraubenfedern.

In Abb. 138 wird jede Windung ebenso angestrengt wie die eine in Abb. 139. Der Rundstahl wird *verdreht*. In *allen* Punkten *aller* Mantelfasern ist die Drehspannung gleich groß.

Vergleiche hiermit Abb. 123. Dort wird der Rundstahl nicht verdreht, sondern *verbogen*. Nur in *zwei* Mantelfasern herrscht die größte Biegespannung. Diese liegen sich gegenüber.

In Abb. 139 ist

$$M_d = P \cdot r = 20 \cdot 8 = 160\ \mathrm{kgcm} \qquad W_d = \frac{d^3}{5} = \frac{1{,}1^3}{5} = 0{,}266\ \mathrm{cm^3}$$

$$\tau' = \frac{M_d}{W_d} = \frac{160}{0{,}266} = 602\ \mathrm{kg/cm^2}.$$

Die *Dreh*spannung hängt also unter anderem auch vom mittleren Windungshalbmesser r ab. Dieser ist für die Biegespannung in Abb. 123 ganz nebensächlich.

Eine gerade, lange und dünne, also drahtförmige Welle federt sehr gut, wenn sie durch Drehung beansprucht wird. Darum kann die Schraubenfeder in Abb. 138 angesehen werden als eine *wegen Platzmangel aufgewickelte Welle.*

In Abb. 140 besitzt der Draht überall einen anderen Halbmesser r. Darum ist die Drehspannung am stärksten in der untersten, am schwächsten in der obersten Windung. Die unterste Windung trägt zum Federhub weitaus am meisten bei, die oberste am wenigsten. Die Kegelfeder in Abb. 141 vermag besonders schwere Stöße abzufangen.

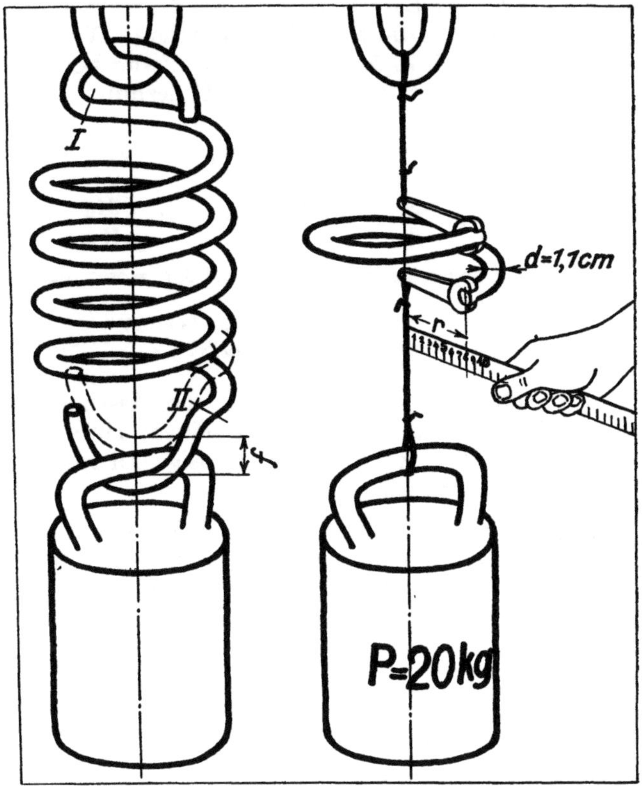

Abb. 138 und 139.

In Abb. 138 bezeichne L die durch *Drehung* beanspruchte Länge I bis II. Dann ergibt sich der Federhub f aus Gl. (25)

$$f = \frac{r \cdot L \cdot \tau'}{G \cdot \frac{d}{2}}.$$

Besitzt die Schraubenfeder i Windungen und eine geringe Ganghöhe, so ist hinreichend genau die Länge der Nullfaser $L = \pi \cdot 2r \cdot i$. Hiermit wird

$$f = \frac{r \cdot \pi \cdot 2r \cdot i \cdot \tau'}{G \cdot \frac{d}{2}} \qquad \text{oder}$$

$$f = \frac{4\pi \cdot i \cdot r^2 \cdot \tau'}{G \cdot d}. \tag{26}$$

Da in Abb. 140 die Drehspannung τ' in demselben Verhältnis wie r zu- oder abnimmt, wächst gemäß Gl. (25) der Beitrag, den ein, z. B. 1 cm langer Drahtabschnitt zum Hub der Kegelfeder liefert, im quadratischen Verhältnis von r.

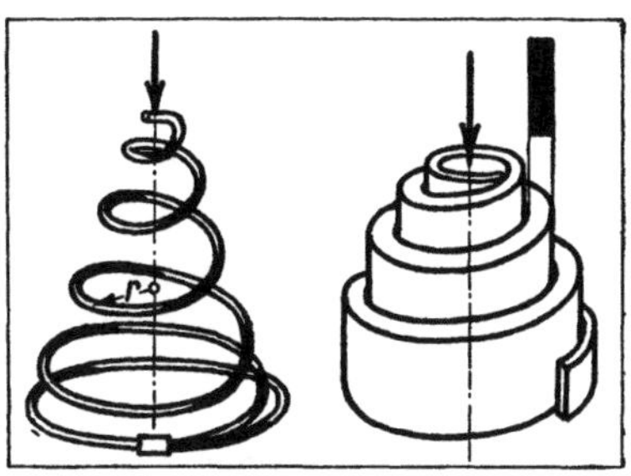

Abb. 140 und 141.

In Abb. 138 ist $i \approx 4{,}5$ und somit

$$f = \frac{4 \cdot \pi \cdot 4{,}5 \cdot 8^2 \cdot 602}{850000 \cdot 1{,}1} = 2{,}33 \text{ cm}.$$

Aufg. 62. Der Sattel eines Fahrrades ruht hinten auf zwei Federn, die Drehspannung erfahren. Der mittlere Windungsdurchmesser beträgt 3,6 cm, die Drahtdicke 0,4 cm. Jede Feder besitzt 4 Windungen und wird mit 40 kg belastet. Berechne den Federhub.

$$r = \frac{3{,}6}{2} = 1{,}8\,\text{cm} \qquad M_d = P \cdot r = 40 \cdot 1{,}8 = 72\,\text{kgcm}$$

$$W_d = \frac{d^3}{5} = \frac{0{,}4^3}{5} = 0{,}0128\,\text{cm}^3 \qquad \tau' = \frac{M_d}{W_d} = \frac{72}{0{,}0128} = 5630\,\text{kg/cm}^2$$

Die Drehspannung wird noch größer, wenn das Hinterrad z. B. über einen Stein hüpft.

$$f = \frac{4\pi \cdot 4 \cdot 1{,}8^2 \cdot 5630}{850\,000 \cdot 0{,}4} = 2{,}7\,\text{cm}$$

Aufg. 63. Eine Schraubenfeder aus Messing soll einen Kolben so belasten, daß sie auf diesen nach einem Hube von $f = 5$ cm eine Kraft ausübt von $P = 30$ kg.[1]) Die zulässige Drehspannung τ' darf höchstens 1400 kg/cm² betragen.

Nicht vorgeschrieben sind die Windungszahl i, der Drahtdurchmesser d und der mittlere Windungshalbmesser r. Man darf nur zwei dieser Größen beliebig annehmen. Die dritte liegt dadurch eindeutig fest und muß, statt gewählt, berechnet werden. Wähle $i = 10$, $d = 0{,}7$ cm und berechne r.

$$\tau' = \frac{P \cdot r}{W_d} = \frac{P \cdot r \cdot 5}{d^3}$$

Dies eingesetzt in $f = \frac{4\pi i r^2 \tau'}{G \cdot d}$, ergibt $f = \frac{4\pi i r^2 \cdot P \cdot r\ 5}{G \cdot d^4}$. Hieraus folgt

$$r^3 = \frac{f \cdot G \cdot d^4}{4\pi \cdot i P \cdot 5}.$$

Mit $G = 400\,000\,\text{kg/cm}^2$ (für Messing) wird

$$r^3 = \frac{5 \cdot 400\,000 \cdot 0{,}7^4}{4\pi \cdot 10 \cdot 30 \cdot 5}$$

$$r^3 = 25{,}\dot{5}$$

$$r = 2{,}94\,\text{cm}.$$

Jetzt ist noch zu prüfen, ob die Drehspannung das zulässige Maß überschreitet.

$$M_d = P \cdot r = 30 \cdot 2{,}94 = 88{,}2\,\text{kgcm} \qquad W_d = \frac{d^3}{5} = \frac{0{,}7^3}{5} = 0{,}069\,\text{cm}^3$$

$$\tau' = \frac{M_d}{W_d} = \frac{88{,}2}{0{,}069} = 1280\,\text{kg/cm}^2$$

Diese Anstrengung ist noch zulässig. Sonst müßte man eine andere Windungszahl oder einen anderen Drahtdurchmesser wählen und die Rechnung wiederholen.

---

1) Die Kraft P wächst in demselben Verhältnis an wie der Federhub f, also keilförmig.

49. Der Riementrieb.

In Abb. 142 zieht jemand, bis die Welle sich fortgesetzt dreht. Die Federwaage zeigt schließlich 50 kg an. Treibt der Riemen wieder die Welle, so ist die Kraft in einem der beiden Riemenstränge größer als im anderen. Der Unterschied beträgt 50 kg. Das lehrte der Drehversuch.

Damit der Riemen nicht rutscht, muß er mindestens so stramm sein wie in Abb. 143. Die Triebwerkwelle wird also vom Riemen *verdreht* durch $M_d = P \cdot r$ und gleichzeitig *verbogen* durch $M = 4P \cdot l$.

Die Kette des Fahrrades braucht keinerlei Vorspannung. Ziehen im oberen Strang 50 kg, so bleibt der untere ganz schlaff.

Aufg. 64. Berechne die Dreh- und Biegespannung der Triebwerkwelle.

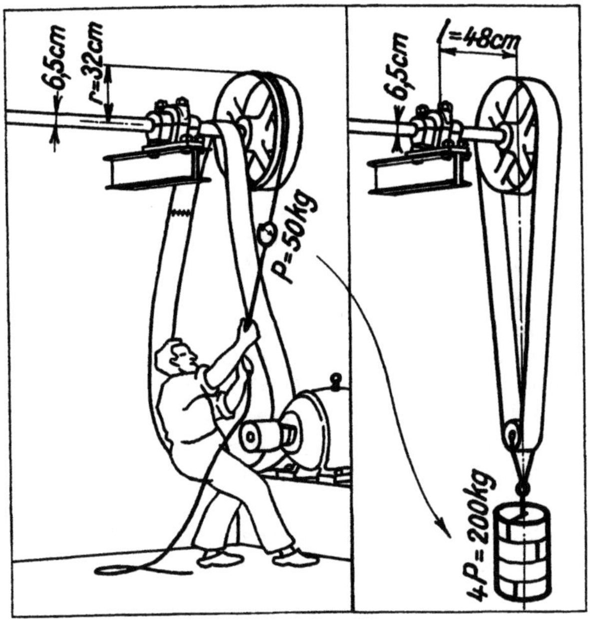

Abb. 142 und 143.

I. Drehspannung.

Gemäß Abb. 142 ist

$$M_d = P \cdot r = 50 \cdot 32 = 1600 \text{ kgcm} \qquad W_d = \frac{d^3}{5} = \frac{6{,}5^3}{5} = 55 \text{ cm}^3$$

$$\tau' = \frac{M_d}{W_d} = \frac{1600}{55} = 29{,}1 \text{ kg/cm}^2.$$

II. Biegespannung.

Für Abb. 143 gilt

$$M = 4 \cdot P \cdot l = 200 \cdot 48 = 9600 \text{ kgcm} \qquad W = \frac{W_d}{2} = 27{,}5 \text{ cm}^3$$

$$\sigma' = \frac{M}{W} = \frac{9600}{27{,}5} = 349 \text{ kg/cm}^2.$$

Diese Welle wird also durch die biegende Wirkung des Riemens viel mehr angestrengt als durch die drehende.

50. Eckige Querschnitte.

Man denke sich ein rechteckiges Kornfeld von einer hohen Mauer umgeben. Der Wirbelwind verschont die Halme im Mittelpunkt und in den Ecken des Feldes. Am meisten neigen sich die Halme in den Mittelpunkten *m* der *langen* Seiten (Abb. 144). Die kurzen Seiten des Feldes haben ebenfalls in ihren Mittelpunkten *n* am meisten auszuhalten. Jedoch ist die Windgeschwindigkeit in *n* geringer als in *m*.

Ebenso ungleich wie die Halme vom Wirbelwind werden die Fasern eines Flacheisens (Abb. 144 links) vom Drehmoment gespannt. Außer *der* Faser,

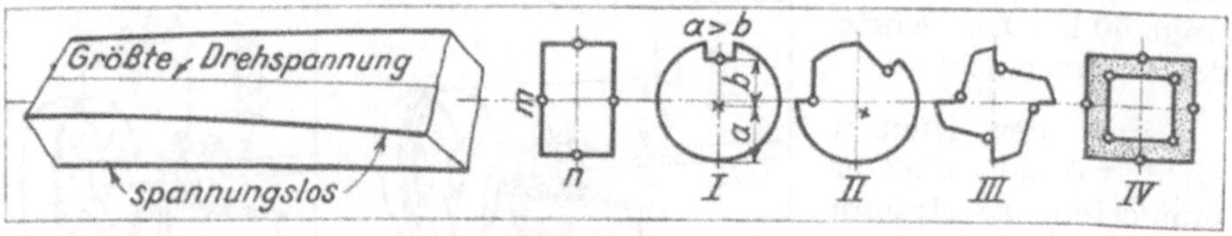

Abb. 144.

die die Mittelachse des Flacheisens bildet, sind also auch die 4 *Eckfasern spannungslos*. Die größte Drehspannung herrscht nur in 2 Fasern der Mantelfläche. Diese liegen der *Mittelachse am nächsten.*

Ein quadratischer Querschnitt wird in den Mittelpunkten *aller* Seiten *gleich* stark gespannt. In den Ecken ist die Drehspannung wiederum gleich Null. Werden also die Kanten eines Quadrateisens abgefast, so verringert man dadurch den Drehwiderstand so gut wie gar nicht (Vierkante an Spindeln, Werkzeugen). Sogar das Drehwiderstandsmoment eines Kreises beträgt noch 94 Hundertstel von demjenigen des umschriebenen Quadrats!

Der Querschnitt I in Abb. 144 geht durch eine längsgenutete Welle. Man denke sich ein ebenso begrenztes Kornfeld, in das der Wirbelwind fährt. Das Kreuz deutet die Wirbelachse an. Da $b < a$, ist die Windgeschwindigkeit und darum auch die Drehspannung in dem mit einem Kreis bezeichneten Punkt am größten. Die äußeren Ecken der Nuten sind spannungslos. Das Kreuz bezeichnet ebenfalls eine Nullfaser.

Querschnitt II gehört einer Welle an mit Nuten für Tangentialkeile. Querschnitt III geht durch einen Gewindebohrer. In den angedeuteten Punkten beider Querschnitte ist die Drehspannung am stärksten, und zwar um so stärker, je schärfer die einspringenden Ecken sind.

Um zu erfahren, welche Fasern eines Rohres mit quadratischem Querschnitt (IV) besonders gefährdet werden, denke man sich innerhalb des punktierten Gebietes einen Wirbelwind, dessen Mittelachse mit der des Rohres zusammenfällt. Die Windgeschwindigkeit und damit die Drehspannung ist besonders groß in den bezeichneten Punkten. Füllt man die scharfen Ecken des *inneren* Quadrates mit *Hohlkehlen* aus, so sinkt die dortige Drehspannung beträchtlich, weil dann die Ecken den Wirbelstrom weniger hemmen.

Nur in einem *kreis*förmigen und *kreisring*förmigen Querschnitt wächst die Drehspannung vom Mittelpunkt nach außen in allen Richtungen genau *keilförmig* an.

51. Drehschwingungen.

Betrachte Abb. 138. Hebt man das Gewicht ein wenig, um es dann fallen zu lassen, so schwingt es senkrecht auf und nieder. Der Federhub *f* vergrößert und verkleinert sich abwechselnd. In jeder Sekunde entstehen gleich viel Schwingungen, auch wenn diese immer kleiner werden. Der Rundstahl der Schraubenfeder erleidet *Dreh*schwingungen. Die Schenkel der Stimmgabel vollbringen *Biege*schwingungen.

Die sekundliche Eigenschwingungszahl der Schraubenfeder ist ebenso groß wie die des Pendels in Abb. 145.[1]) Dessen Länge entspricht dem auf S. 79 berechneten Federhube $f = 2{,}33$ cm.

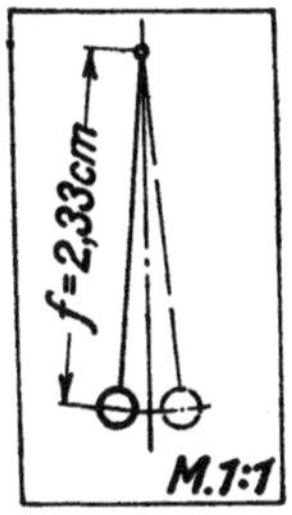

Abb. 145.

Verschieden schwere Kugeln pendeln an gleich langen Fäden *gleich rasch*, denn schwere Körper kann man sich in leichte zerlegt denken, die nebeneinander pendeln.

Überschreitet das Pendel die in Abb. 145 gezeichneten Grenzlagen nicht, so benötigt es zu jedem Ausschlag stets fast genau dieselbe Zeit, auch wenn er noch so klein geworden ist.

Die sekundliche Schwingungszahl des Pendels läßt sich errechnen aus Gl. (19).[1]) Wir erhalten für Abb. 145

$$n_s = \frac{5{,}0}{\sqrt{f}} = \frac{5{,}0}{\sqrt{2{,}33}} = 3{,}28.$$

Knote an ein Haar eine Glasperle und lasse sie wie in Abb. 145 um einen Punkt pendeln, der von der Mitte der Perle 2,33 cm entfernt ist. Zähle während 10 Sekunden die Schwingungen. Man erhält etwas weniger als $10 \cdot 3{,}28 = 32{,}8$, weil die Luft die Schwingungen dämpft.

Wenn die Schraubenfeder in Abb. 138 an einem Balken hängt, der auch 3,28 mal in 1 Sekunde schwingt, *kann* andauernde Resonanz eintreten. Dann verstärken sich die Schwingungen der Feder und des Balkens wechselseitig. Die Drehspannung der Feder und die Biegespannung des Balkens nehmen zu. Währenddessen bleibt n_s unverändert, falls die in Abb. 145 angedeutete Schwingungsweite nicht überschritten wird.

Wächst P in Abb. 138, so wächst f, aber n_s sinkt. Für $f = 0$ ist $n_s = \infty$.[2]) Für $f = \infty$ ist $n_s = 0$.

Weil sich die Lagen der Blattfederwerke (Abb. 98) gegenseitig reiben, dämpfen sie die Schwingungen besser als Schraubenfedern. Diese werden deshalb als Fahrzeugtragfedern nur noch selten verwendet.

Die Last am Freiträger in Abb. 87 sank um 0,55 cm. Seine sekundliche Eigenschwingungszahl ist ebenso groß wie die eines 0,55 cm langen Pendels.

Betrachte Abb. 133. Ist das hintere Ende der reibungslos gelagerten Welle fest eingespannt und ihr eigenes Gewicht klein, verglichen mit dem der Belastung, so ergibt sich ihre sekundliche Eigenschwingungszahl, da $f = 2{,}59$ cm, zu

$$n_s = \frac{5{,}0}{\sqrt{f}} = \frac{5{,}0}{\sqrt{2{,}59}} = 3{,}1. \text{ —}$$

Das Drehmoment einer Welle schwankt stets mehr oder weniger. Dadurch gerät sie in Drehschwingungen. Erfolgt der Antrieb zufällig in gleichem Takte, so können die Schwingungen immer weiter werden und die Welle zerstören (zerdrehen).

Auf einem großen Seeschiff stimmte zufällig die sekundliche Umlaufszahl des mehrtausendpferdigen Motors mit der sekundlichen Eigendrehschwingungszahl der Schraubenwelle überein. Es bestand Resonanz und infolgedessen die Gefahr eines Dauerbruches. Die heftigen Erschütterungen verschwanden, als man den Durchmesser der Schraubenwelle *verringerte* (von 41 cm auf 29 cm).

1) Die Begründung lese man in einem Physikbuche nach.
2) ∞ = unendlich.

Dadurch stieg die Drehspannung der Welle erheblich. Das ist aber nicht so bedenklich als eine geringere Spannung, die heftig schwankt.

Um eine Feder, z. B. die in Abb. 140 oder 141, zusammenzudrücken, ist eine gewisse mechanische Arbeit (kg × cm) nötig. Wird die Feder bis genau zur ursprünglichen Höhe wieder entspannt, so gewinnt man merkwürdigerweise *nicht die ganze* aufgespeicherte Arbeit zurück. Dieser Unterschied läßt sich durch Feinmessung feststellen. Der mehr oder weniger große Fehlbetrag wurde in Wärme umgesetzt. Dies nennt man *Dämpfung*. Sie entstand durch innere Reibung des Gefüges.

Die Werkstoffe besitzen eine *sehr verschieden große Dämpfungsfähigkeit*. Diese ist bedeutungsvoll, wenn der Werkstoff einer *schwingenden* Beanspruchung widerstehen muß. Je dämpfungsfähiger, desto dauerfester und weniger empfindlich gegen oberflächliche Verletzungen scheint der Stahl in vielen Fällen zu sein. Die *Nichteisenmetalle* sind wenig oder fast gar nicht dämpfungsfähig und in dieser Hinsicht dem *Stahl sehr unterlegen*.

Große Werkstoffdämpfung verhindert häufig, daß der Schwingungsausschlag von Wellen infolge Resonanz auf gefährliche Werte *hinaufgeschaukelt* wird. Die Dämpfung nimmt mit dem Schwingungsausschlag, also mit der Spannung bedeutend zu. Wächst dagegen die sekundliche Schwingungs*zahl* erheblich, während der Schwingungs*ausschlag* gleich bleibt, so ändert sich die Dämpfung fast gar nicht.

Der Schwingungsausschlag einer Stimmgabel nimmt auch im *luftleeren* Raume allmählich ab. Dann werden die Schwingungen lediglich durch die innere Reibung des Gefüges gedämpft.

Die Dauerfestigkeit läßt sich besonders gut mittels Drehschwingungen prüfen. Das eine Ende des Probestabes trägt ein Schwungrad. Dies schwingt wie etwa die Unruh einer Taschenuhr. Dadurch entstehen Drehspannungen, die fortgesetzt zwischen gleich großen positiven und negativen Werten schwanken.

X. Zusammengesetzte Festigkeit.

52. Biegung + Zug oder Druck.

In Abb. 146 erzeugt P_1 Biegung, P_2 Zug.

Aufg. 65. Es soll die Spannung im Querschnitt I berechnet werden.

Biegung:	Zug:
$M = P_1 \cdot l = 200 \cdot 32 = 6400$ kgcm	$F = b \cdot h = 8 \cdot 3 = 24$ cm²
$W = \frac{b \cdot h^2}{6} = \frac{3 \cdot 8^2}{6} = 32$ cm³	$\sigma = \frac{P_2}{F} = \frac{960}{24} = 40$ kg/cm²
$\sigma' = \frac{M}{W} = \frac{6400}{32} = 200$ kg/cm²	

In der *obersten* Randschicht des Querschnittes I beträgt also die gesamte Anstrengung $200 + 40 = 240$ kg/cm².

In der *untersten* Randschicht herrscht nur eine Spannung von $200 - 40 = 160$ kg/cm². Allgemein gilt für

Biegung + Zug:

(27) $$\max \sigma = \sigma' + \sigma \qquad \min \sigma = \sigma' - \sigma$$

Biegung + Druck:

(28) $$\max \sigma = \sigma' + \sigma_d \qquad \min \sigma = \sigma' - \sigma_d.$$

In halber Höhe des Querschnittes I herrscht eine Spannung von $\sigma = P_2/F = 40$ kg/cm². *Die Nullschicht geht also nicht durch die Mitte des Querschnittes.* Das ergibt sich auch aus den verschieden großen Spannungskeilen in Abb. 146 (1 mm = 50 kg/cm²).

In Abb. 147 sind die *Biege*spannungen im waagerechten Querschnitt II ebenso stark wie in dem gleich großen, senkrechten Querschnitt II'. Für diesen gilt

$$M = P \cdot l = 300 \cdot 5{,}5 = 1650 \text{ kgcm}$$

$$W = \frac{d^3}{10} = \frac{2{,}4^3}{10} = 1{,}38 \text{ cm}^3$$

$$\sigma' = \frac{M}{W} = \frac{1650}{1{,}38} = 1195 \text{ kg/cm}^2.$$

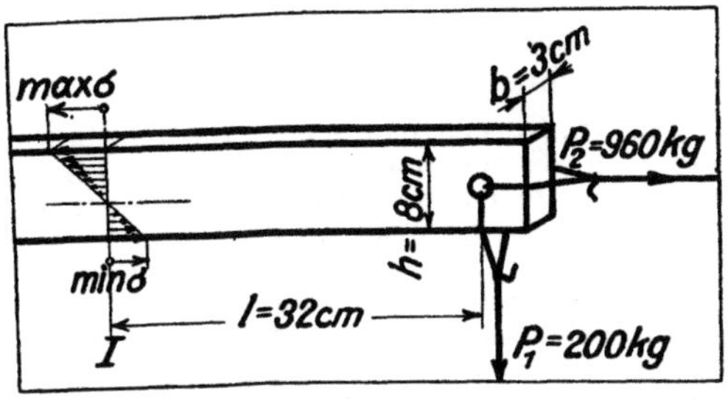

Abb. 146.

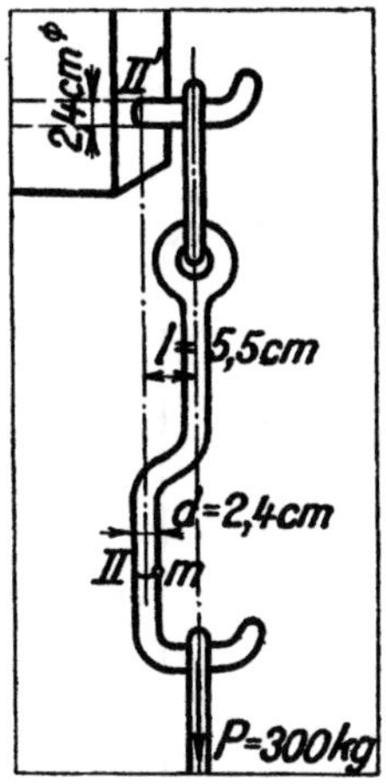

Abb. 147.

Außerdem erleidet der waagerechte Querschnitt II noch gleichmäßig verteilte *Zug*spannungen.

$$F = \frac{\pi}{4} 2{,}4^2 = 4{,}5 \text{ cm}^2 \qquad \sigma = \frac{P}{F} = \frac{300}{4{,}5} = 67 \text{ kg/cm}^2$$

Also herrscht im gefährdetsten Punkt m eine Spannung von

$$\max \sigma = \sigma' + \sigma = 1195 + 67 = 1262 \text{ kg/cm}^2.$$

Ist $l = 0$, so geht die Lastmittellinie durch den Mittelpunkt des Querschnittes II. Ein solcher *mittiger* Lastangriff erzeugt keinerlei Biegespannungen. Diese bilden beim *außermittigen* Lastangriff sehr oft den weitaus größten Teil der zusammengesetzten Spannung.

53. Normalspannung + Schubspannung.

a) Beziehung zwischen σ und τ. Zug- und Druckspannungen sind *normal* (senkrecht) zum Querschnitt gerichtet (Abb. 37). Darum führen sie den Sammelnamen *Normalspannungen.* Im Gegensatz hierzu wirken Schubspannungen *in* der Ebene des Querschnittes (Abb. 36).

Biegespannungen gehören zur Gruppe der Normalspannungen, Drehspannungen zur Gruppe der Schubspannungen.

Abb. 148 zeigt einen fingerhutgroßen, gußeisernen Probekörper für den Druckversuch. Er wird häufig wie in Abb. 149 zerdrückt. Die Bruchflächen *gleiten* aufeinander. *Normalspannungen haben also Schubspannungen zur Folge.*

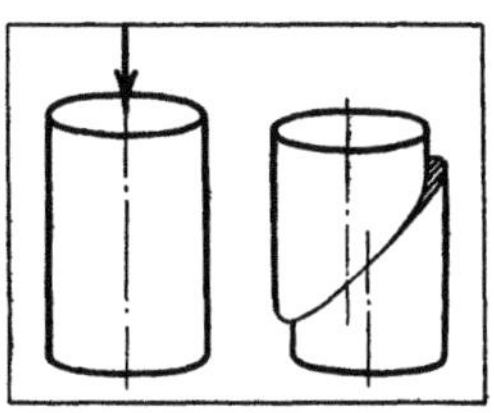

Abb. 148 und 149.

Abb. 150 zeigt einen Probestab zur Prüfung von Kesselblech. Er wird in einer Zerreißmaschine allmählich immer mehr gespannt. Plötzlich blättert die Walzhaut stellenweise ab. Es entstehen schräge Furchen, wie in Abb. 150 angedeutet.

Der Werkstoff begann also nicht in *Quer*schnitten zu fließen, sondern in *Schräg*schnitten. Dort schieben sich die Eisenteilchen aneinander entlang. Die Furchen deuten *Gleitebenen* an. Darin herrschen Schubspannungen.

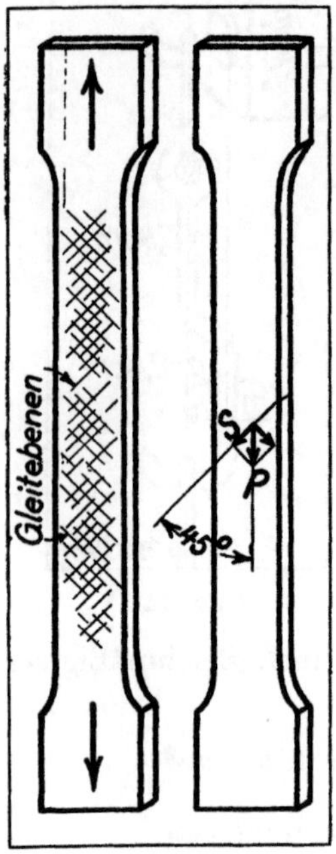

Abb. 150 und 151.

Der auf *Zug* beanspruchte Stab wird also eigentlich durch *Schub* bleibend verformt.

Die Furchen bilden mit der Stabrichtung einen Winkel von 45^0. Sie stehen folglich aufeinander senkrecht. Auch in anderen Fällen treten Schubspannungen immer *paarweise* auf, und zwar in Ebenen, die sich *senkrecht* schneiden.

Überträgt z. B. ein Rundeisen ein Drehmoment, so entstehen Schubspannungen (Drehspannungen) nicht nur im *Quer*schnitt, sondern außerdem senkrecht dazu, also in *Längs*schnitten. In ein und demselben Punkt des Rundeisens sind die quer- und längsgerichteten Schubspannungen gleich groß.

Wenn man die Borsten eines eingetrockneten Pinsels verdreht, verschieben sie sich gegeneinander. Sie wurden gelockert infolge längsgerichteter Schubspannungen (Drehspannungen).

Holz besitzt in Richtung der Fasern eine viel geringere Schubfestigkeit als senkrecht dazu. Deshalb sind die in alter Zeit verwendeten hölzernen Wellen gegen *Drehung* auffallend wenig widerstandsfähig. Das Holz spaltet der Länge nach auf infolge Schub.

Bezeichnet F den *Quer*schnitt durch den Probestab, so beträgt der unter 45^0 geneigte *Schräg*schnitt $F \cdot \sqrt{2}$. In Abb. 151 ist P in zwei Kräfte zerlegt, von denen die eine (S) in der Ebene des Schrägschnittes wirkt, die andere senkrecht dazu. Also bildet P die Diagonale eines Quadrats.

$$S = \frac{P}{\sqrt{2}}$$

Es erzeugt S im Schrägschnitt eine Schubspannung

$$\tau = \frac{S}{F\sqrt{2}} = \frac{P}{F\sqrt{2}\sqrt{2}} = \frac{P}{F \cdot 2}.$$

Hierin bedeutet $\frac{P}{F}$ die Zugspannung σ im *Quer*schnitt. Folglich ergibt sich

$$\tau = \frac{\sigma}{2}. \tag{29}$$

Die Fließgrenze infolge Schub beträgt die Hälfte von σ_S.

b) Biegung + Drehung. In Abb. 152 liegen die Mittelachsen der Kurbel*welle* und des Kurbel*zapfens* in einer senkrechten, in Abb. 153 dagegen in einer waagerechten Ebene.

Für Querschnitt I gilt

$$M = P \cdot l = 1700 \cdot 18 = 30\,600 \text{ kgcm} \qquad W = \frac{d^3}{10} = \frac{8^3}{10} = 51{,}2 \text{ cm}^3$$

$$\sigma' = \frac{M}{W} = \frac{30\,600}{51{,}2} = 597 \text{ kg/cm}^2.$$

Derselbe Querschnitt wird in Abb. 153 außerdem durch Drehung angestrengt.

$$M_d = P \cdot r = 1700 \cdot 15 = 25\,500 \text{ kgcm} \qquad W_d = 2W = 2 \cdot 51{,}2 = 102{,}4 \text{ cm}^3$$

$$\tau' = \frac{M_d}{W_d} = \frac{25\,500}{102{,}4} = 249 \text{ kg/cm}^2$$

Diese Drehspannung (Schubspannung) gefährdet die Welle ebenso stark wie eine doppelt so große Normalspannung. Darum wurden in Abb. 154 die

154

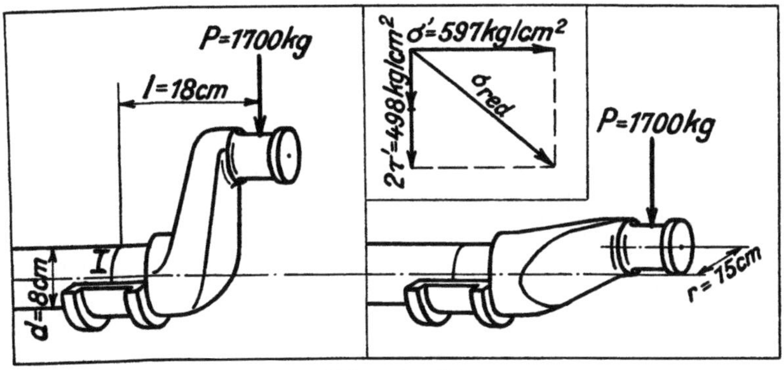

152

153

Abb. 152—154.

doppelte Drehspannung $2\tau' = 2 \cdot 249 = 498$ kg/cm² und die *recht*winklig dazu wirkende Biegespannung $\sigma' = 597$ kg/cm² als Seiten eines *Recht*eckes maßstäblich aufgezeichnet. Die Diagonale entspricht einer Spannung von 778 kg/cm².

Eine *allein* wirkende Normalspannung von 778 kg/cm² strengt den Werkstoff ebenso stark an wie eine Biegespannung von 597 kg/cm², die *gemeinsam* mit einer Drehspannung von 249 kg/cm² auftritt. Diese für die Fließgefahr maßgebende Normalspannung von 778 kg/cm² wird die *reduzierte Spannung* genannt und mit σ_{red} abgekürzt.

Herrscht in einem bestimmten Punkte eines Querschnittes eine Schubspannung τ (darunter sind auch Drehspannungen zu verstehen) und gleichzeitig eine Normalspannung σ (Biege-, Zug- oder Druckspannungen), so läßt sich die Diagonale σ_{red} berechnen aus

$$\sigma_{red} = \sqrt{(2\tau)^2 + \sigma^2}. \tag{30}$$

Für $\tau = 0$ ergibt sich $\sigma_{red} = \sigma$. Für $\sigma = 0$ ist $\sigma_{red} = 2\tau$.

Aufg. 66. Der Querschnitt einer stählernen Stange erleidet eine Zugspannung von 300 kg/cm² und gleichzeitig eine Schubspannung von

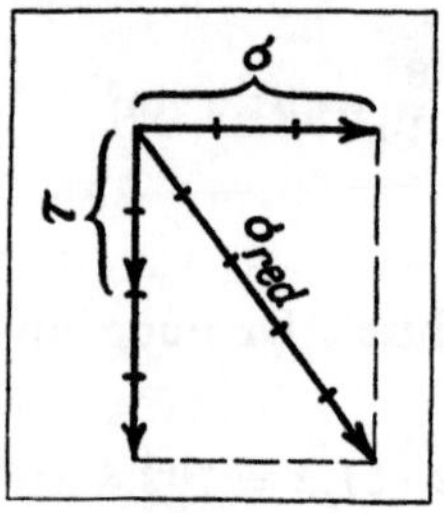

Abb. 155.

400 kg/cm². Die Streckgrenze des Werkstoffes beträgt 1970 kg/cm². Wie groß ist die Sicherheit der Stange gegen bleibende Verformung?

$$\sigma_{red} = \sqrt{(2\,\tau)^2 + \sigma^2} = \sqrt{(2 \cdot 400)^2 + 300^2} = 855 \text{ kg/cm}^2$$

$$\nu = \frac{\sigma_S}{\sigma_{red}} = \frac{1970}{855} = 2{,}3. \text{ —}$$

In Abb. 155 sind die Seiten des Rechteckes 3 Teile und 4 Teile lang. In die Diagonale gehen genau 5 Teile auf, denn $5^2 = 3^2 + 4^2$.

Also wird für $\tau = \frac{2}{3}\sigma \qquad \sigma_{red} = \tau + \sigma$

$\tau > \frac{2}{3}\sigma$ (Abb. 157) $\qquad \sigma_{red} > \tau + \sigma$

$\tau < \frac{2}{3}\sigma$ (Abb. 154) $\qquad \sigma_{red} < \tau + \sigma.$

156

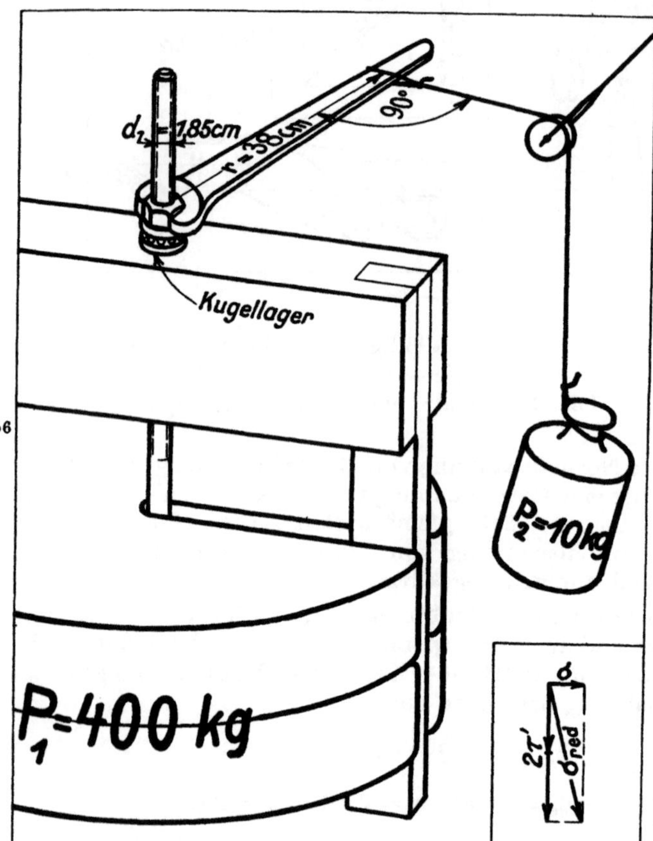

157

Abb. 156 und 157.

In einer Welle betrage die Biegespannung z. B. 360 kg/cm². Gleichzeitig herrsche an derselben Stelle eine Drehspannung von 240 kg/cm². Da $\tau' = \frac{2}{3}\sigma'$, ergibt sich ohne besondere Rechnung die für die Fließgefahr maßgebende Normalspannung zu

$$\sigma_{red} = \tau' + \sigma' = 600 \text{ kg/cm}^2.$$

c) Drehung + Zug oder Druck.

Aufg. 67. Berechne die maßgebende Normalspannung der Schraubenspindel in Abb. 156.

Ist der Schraubenschlüssel fortgenommen, so wird das Gewinde unterhalb der Mutter nur noch durch Zug angestrengt.

$$F = \frac{\pi}{4}\, 1{,}85^2 = 2{,}69 \text{ cm}^2 \qquad \sigma = \frac{P_1}{F} = \frac{400}{2{,}69} = 149 \text{ kg/cm}^2$$

Das Gewicht von 10 kg vermag die Mutter zu drehen. Dadurch entstehen im Gewinde Drehspannungen.

$$M_d = P_2 \cdot r = 10 \cdot 38 = 380 \text{ kgcm} \qquad W_d = \frac{d_1^3}{5} = \frac{1{,}85^3}{5} = 1{,}27 \text{ cm}^3$$

$$\tau' = \frac{M_d}{W_d} = \frac{380}{1{,}27} = 299 \text{ kg/cm}^2$$

$$\sigma_{red} = \sqrt{(2\tau)^2 + \sigma^2} = \sqrt{(2 \cdot 299)^2 + 149^2} = 616 \text{ kg/cm}^2$$

Dies Ergebnis kann auch zeichnerisch ermittelt werden wie in Abb. 157.

Wird das Gewinde besser geschmiert, so verringert sich die Drehspannung. Sie übertrifft dadurch die Zugspannung viel weniger als vorher.

Meistens fehlt das Kugellager. Dann läßt sich die Mutter schwerer drehen. Die Drehspannung der Schraubenspindel wird dadurch aber nicht vergrößert!

Der Propeller drückt das Schiff vorwärts. Die Propellerwelle wird also durch Drehung *und* Druck beansprucht. Die Drehspannung ist etwa 10 mal so groß wie die Druckspannung. Darum darf angenähert statt $\sigma_{red} = \sqrt{(2\tau')^2 + \sigma_d^2}$ gesetzt werden $\sigma_{red} = \sqrt{(2\tau')^2} = 2\tau'$.

XI. Der gekrümmte Träger.

54. Frei- und Brückenträger.

Als der Träger in Abb. 158 noch nicht belastet war, wurden an der tiefsten Stelle der Schichten *i* und *a* zwei parallele Querstriche im gleichen Abstand *c* angebracht. Der Querschnitt I halbiert *c*.

Die Last *P* vergrößert den Abstand *c* auf Schicht *i* um Δ_i. Auf Schicht *a* wird er um Δ_a verkürzt. Es ist $\Delta_i > \Delta_a$. Das läßt sich mit einem Spiegelmeßgerät (vgl. S. 48) erkennen.

Die Spannung ist nach dem Hookeschen Gesetz der Längenänderung (Dehnung oder Stauchung) verhältnisgleich. Also herrscht im oberen Rande

158

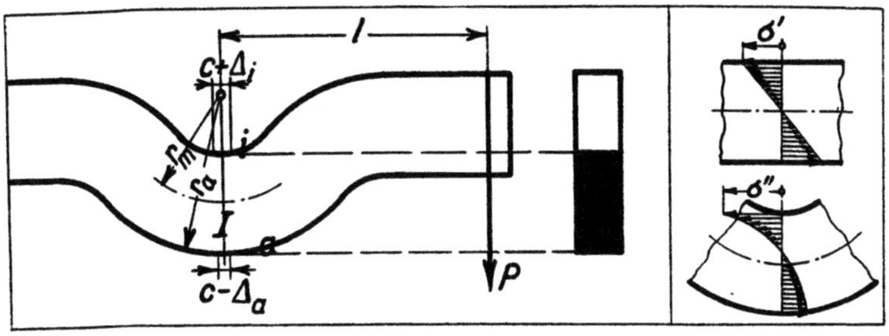

159

160

Abb. 158—160.

des Querschnittes I eine stärkere Spannung als im unteren. Die Größtspannung werde mit σ'' bezeichnet.

In welchem Verhältnis die Biegespannung im Querschnitt I von oben nach unten ab- und zunimmt, läßt sich ermitteln, indem man in verschiedenen Höhen die Dehnungen und Stauchungen mißt. Diesen sind die Zug- oder Druckspannungen verhältnisgleich.

So entstand Abb. 160. Die Nullschicht halbiert also den Querschnitt nicht. Auch ändert sich die Biegespannung nicht keilförmig.

Am geraden Träger (Abb. 159) ergibt die Messung einen viel einfacheren, nämlich keilförmigen Spannungsverlauf.

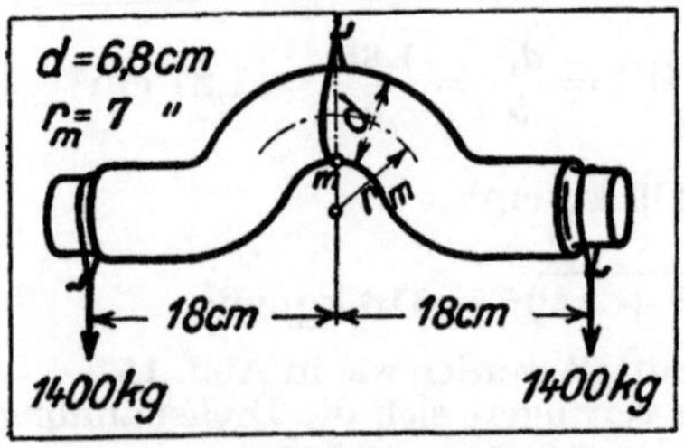

Abb. 161.

Für kreisförmige und rechteckige Querschnitte gilt mit guter Annäherung[1])

$$\sigma'' : \sigma' = r_a : r_m \qquad \text{oder}$$

$$(31) \qquad \sigma'' \approx \sigma' \frac{r_a}{r_m}.$$

Am geraden Träger (prismatischen Stab) ist $\frac{r_a}{r_m} = 1$.

Aufg. 68. Berechne für Abb. 161 die Biegespannung im gefährdetsten Punkte m.

$$M = 1400 \cdot 18 = 25\,200 \text{ kgcm} \qquad W = \frac{d^3}{10} = \frac{6{,}8^3}{10} = 31{,}4 \text{ cm}^3$$

$$\sigma' = \frac{M}{W} = \frac{25\,200}{31{,}4} = 802 \text{ kg/cm}^2 \qquad r_a = r_m + \frac{d}{2} = 7 + 3{,}4 = 10{,}4 \text{ cm}$$

$$\frac{r_a}{r_m} = \frac{10{,}4}{7} = 1{,}49 \qquad \sigma'' = \sigma' \frac{r_a}{r_m} = 802 \cdot 1{,}49 = 1195 \text{ kg/cm}^2$$

55. Haken.

Aufg. 69. In Abb. 162 bildet der Querschnitt durch den Punkt m mit der Richtung der Last einen rechten Winkel. Berechne die Spannung im gefährdetsten Punkt m.

Diese ist zusammengesetzt aus Biegung und Zug.

$$M = P \cdot l = 900 \cdot 14 = 12\,600 \text{ kgcm} \qquad W = \frac{d^3}{10} = \frac{5^3}{10} = 12{,}5 \text{ cm}^3$$

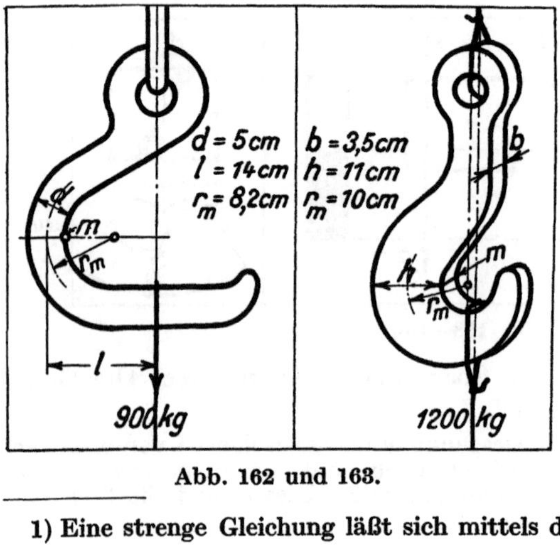

Abb. 162 und 163.

$$\sigma' = \frac{M}{W} = \frac{12\,600}{12{,}5} = 1008 \text{ kg/cm}^2$$

$$\frac{r_a}{r_m} = \frac{8{,}2 + 2{,}5}{8{,}2} = 1{,}3$$

$$\sigma'' = 1008 \cdot 1{,}3 = 1310 \text{ kg/cm}^2$$

$$F = \frac{\pi}{4} 5^2 = 19{,}6 \text{ cm}^2$$

$$\sigma = \frac{P}{F} = \frac{900}{19{,}6} = 46 \text{ kg/cm}^2$$

$$\max \sigma = \sigma'' + \sigma = 1310 + 46 = 1356 \text{ kg/cm}^2$$

Aufg. 70. Die Streckgrenze des Hakens in Abb. 163 be-

1) Eine strenge Gleichung läßt sich mittels der höheren Analysis entwickeln.

trägt 1900 kg/cm². Wie groß ist der Sicherheitsgrad gegen bleibende Verformung?

$$l = r_m. \qquad M = P \cdot r_m = 1200 \cdot 10 = 12000 \text{ kgcm}$$

$$W = \frac{b \cdot h^2}{6} = \frac{3{,}5 \cdot 11^2}{6} = 70{,}6 \text{ cm}^3 \qquad \sigma' = \frac{W}{M} = \frac{12000}{70{,}6} = 170 \text{ kg/cm}^2$$

$$\frac{r_a}{r_m} = \frac{15{,}5}{10} = 1{,}55 \qquad \sigma'' = 170 \cdot 1{,}55 = 264 \text{ kg/cm}^2$$

$$F = b \cdot h = 3{,}5 \cdot 11 = 38{,}5 \text{ cm}^2 \qquad \sigma = \frac{P}{F} = \frac{1200}{38{,}5} = 31{,}2 \text{ cm}^2$$

Also ist in der Randschicht m

$$\max \sigma = \sigma'' + \sigma = 264 + 31{,}2 = 295{,}2 \text{ kg/cm}^2,$$

$$\nu = \frac{\sigma_S}{\max \sigma} = \frac{1900}{295{,}2} = 6{,}44\,.$$

Auch die Krümmung der Schraubenfedern wirkt spannungerhöhend, wenn d groß ist im Verhältnis zu r_m. Dann gilt angenähert für Federn, wie in

$$\text{Abb. 123:}\ \sigma'' = \sigma' \frac{r_m + \frac{d}{2}}{r_m}$$

$$\text{Abb. 138:}\ \tau'' = \tau' \frac{r_m + \frac{d}{2}}{r_m}.$$

Mit diesen erhöhten Spannungen ist der Winkel β und der Federhub f zu ermitteln.

56. Dickwandige Rohre.

Siehe Abb. 164. Die Preßluft weitet das Rohr auf. Der Querschnitt nimmt die gestrichelt gezeichnete Gestalt an. *Die Krümmung der Wandung wird geringer, flacher.* Dadurch entstehen im Längsschnitt außer Zugspannungen noch Biegespannungen.

Infolgedessen ist im *inneren* Rande des Längsschnittes die Zugspannung *größer* als im äußeren. Tatsächlich reißt das Rohr innen eher als außen.

Die Gl. (5) $\sigma = p\,\frac{r_i}{s}$ stimmt nur für sehr dünnwandige Rohre. In solchen sind die Biegespannungen verschwindend klein. Ist das Rohr dickwandig, so ersetze man r_i durch den mittleren Halbmesser r_m. Dann wird

$$(32) \qquad \max \sigma = p\,\frac{r_m}{s}.$$

Diese Formel berücksichtigt die zusätzliche Biegespannung genau genug, wenn die Wandung im Verhältnis zum Halbmesser nicht dicker ist als in Abb. 164.

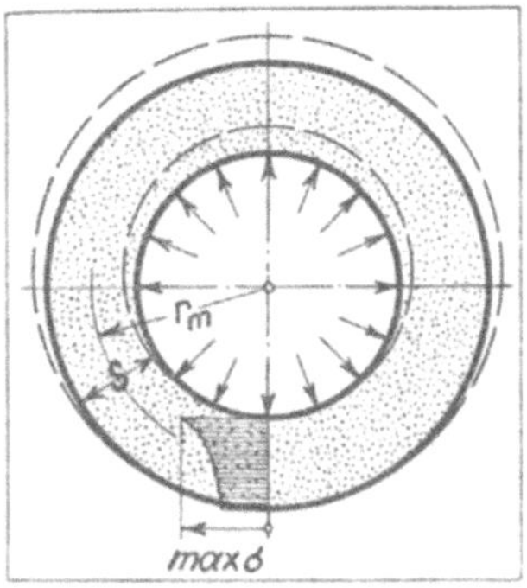

Abb. 164.

Aufg. 71. Ein Rohr besitzt einen inneren Halbmesser von 20 cm und eine Wanddicke von 9,6 cm. Die Wasserspannung beträgt 220 kg/cm². Berechne die Anstrengung des Werkstoffes.

$$r_m = r_i + \frac{s}{2} = 20 + 4{,}8 = 24{,}8 \text{ cm}$$

$$\max \sigma = p \frac{r_m}{s} = 220 \frac{24{,}8}{9{,}6} = 568 \text{ kg/cm}^2$$

Diese Spannung herrscht nur im *inneren* Rande des Längsschnittes.

XII. Das Trägheitsmoment.

57. Einleitung.

In Abb. 165 wurde *eine* Hälfte des Querschnittes in gleich schmale Streifen zerlegt. Jeder besitzt einen Flächeninhalt von $f = 2{,}4 \cdot 0{,}1 = 0{,}24$ cm². Ihr *mittlerer* Abstand y ist aber verschieden.

Für jeden Streifen berechne $f \cdot y^2$. Für den schwarz gezeichneten Streifen ist $y = 1{,}85$ cm und $f \cdot y^2 = 0{,}24 \cdot 1{,}85^2 = 0{,}821$ cm⁴ (lies „0,821 cm hoch 4").

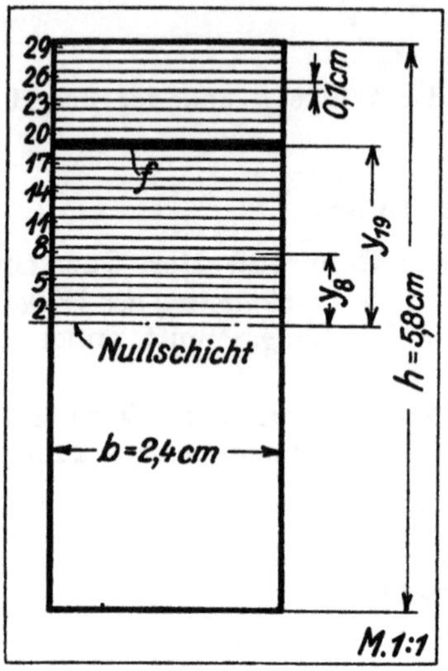

Abb. 165.

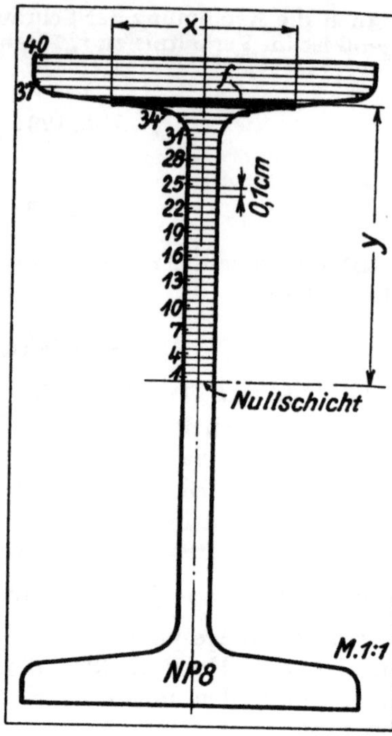

Abb. 166.

Trage alle Werte in eine Zahlentafel ein (S. 93).

Für *eine* Querschnittshälfte ist die Summe[1]) aller $f \cdot y^2 = 19{,}481$ cm⁴. Für den ganzen Querschnitt wird also $\Sigma f y^2 = 2 \cdot 19{,}481 = 38{,}962$ cm⁴. Diesen Wert teile durch $\frac{h}{2} = 2{,}9$ cm. Dann ergibt sich

$$\frac{38{,}962 \text{ cm}^4}{2{,}9 \text{ cm}} = 13{,}42 \text{ cm}^3.$$

1) „Summe" wird abgekürzt mit Σ.

Zu Abb. 165		
Streifen	y (cm)	$f \cdot y^2$ (cm⁴)
29	2,85	1,948
28	2,75	1,813
27	2,65	1,683
26	2,55	1,560
25	2,45	1,440
24	2,35	1,324
23	2,25	1,213
22	2,15	1,107
21	2,05	1,007
20	1,95	0,912
19	1,85	0,821
18	1,75	0,734
17	1,65	0,653
16	1,55	0,576
15	1,45	0,504
14	1,35	0,436
13	1,25	0,375
12	1,15	0,317
11	1,05	0,264
10	0,95	0,216
9	0,85	0,173
8	0,75	0,134
7	0,65	0,101
6	0,55	0,072
5	0,45	0,048
4	0,35	0,029
3	0,25	0,015
2	0,15	0,005
1	0,05	0,001
	$\Sigma f \cdot y^2 = 19{,}481$ cm⁴	

Zu Abb. 166				
Streifen	x (cm)	f (cm²)	y (cm)	$f \cdot y^2$ (cm⁴)
40	4,20	0,420	3,95	6,55
39	4,20	0,420	3,85	6,23
38	4,20	0,420	3,75	5,90
37	4,11	0,411	3,65	5,48
36	3,76	0,376	3,55	4,74
35	2,28	0,228	3,45	2,72
34	1,07	0,107	3,35	1,20
33	0,60	0,060	3,25	0,63
32	0,47	0,047	3,15	0,47
31	0,40	0,040	3,05	0,37
30	0,39	0,039	2,95	0,34
29	0,39	0,039	2,85	0,32
28	0,39	0,039	2,75	0,30
27	0,39	0,039	2,65	0,27
26	0,39	0,039	2,55	0,25
25	0,39	0,039	2,45	0,23
24	0,39	0,039	2,35	0,22
23	0,39	0,039	2,25	0,20
22	0,39	0,039	2,15	0,18
21	0,39	0,039	2,05	0,16
20	0,39	0,039	1,95	0,15
19	0,39	0,039	1,85	0,13
18	0,39	0,039	1,75	0,12
17	0,39	0,039	1,65	0,11
16	0,39	0,039	1,55	0,09
15	0,39	0,039	1,45	0,08
14	0,39	0,039	1,35	0,07
13	0,39	0,039	1,25	0,06
12	0,39	0,039	1,15	0,05
11	0,39	0,039	1,05	0,04
10	0,39	0,039	0,95	0,04
9	0,39	0,039	0,85	0,03
8	0,39	0,039	0,75	0,02
7	0,39	0,039	0,65	0,01
6	0,39	0,039	0,55	0,01
5	0,39	0,039	0,45	0,01
4	0,39	0,039	0,35	—
3	0,39	0,039	0,25	—
2	0,39	0,039	0,15	—
1	0,39	0,039	0,05	—
				$\Sigma f \cdot y^2 = 37{,}78$ cm⁴

Nun berechne das Widerstandsmoment des Querschnittes.

$$W = \frac{b h^2}{6} = \frac{2{,}4 \cdot 5{,}8^2}{6} = 13{,}46 \text{ cm}^3$$

Dies Ergebnis stimmt beinahe mit dem vorigen überein. Es wird $\dfrac{\Sigma f \cdot y^2}{\frac{h}{2}}$, um so genauer gleich $\dfrac{b h^2}{6}$, je schmaler die Streifen sind. Folglich ergibt sich das Widerstandsmoment *auch* aus

$$(33) \qquad W = \frac{\Sigma f \cdot y^2}{\frac{h}{2}}.$$

Um z. B. das Widerstandsmoment eines Doppelt T-Eisens zu bestimmen, zeichne dessen Querschnitt in natürlicher Größe genau auf.

Siehe Abb. 166. Zerlege *eine* Hälfte in gleich schmale Streifen parallel zur Nullschicht. Einige werden nicht rechteckig. Diese verwandle nach Augenmaß in inhaltsgleiche Rechtecke.

Für den ganzen Querschnitt ist $\Sigma f \cdot y^2 = 2 \cdot 37{,}78 = 75{,}56\ \text{cm}^4$. Folglich

$$W = \frac{75{,}56\ \text{cm}^4}{4\ \text{cm}} = 18{,}89\ \text{cm}^3.$$

Auf S. 130 findet man für ein Doppelt T-Eisen NP 8 $W_x = 19{,}5\ \text{cm}^3$. *Unser* Ergebnis ist also wiederum etwas zu klein. Es nähert sich dem Wert $19{,}5\ \text{cm}^3$ um so mehr, je schmäler man die Streifen wählt.

$\Sigma f \cdot y^2$ nennt man das *Trägheitsmoment* des Querschnittes. Es wird abgekürzt mit J. Also ist

$$(34) \qquad W = \frac{J}{\frac{h}{2}}.$$

Da J in cm^4 und $\frac{h}{2}$ in cm gemessen werden, bleiben für W ganz richtig cm^3 übrig.

Das Trägheitsmoment ist gleich dem $\frac{h}{2}$-fachen Wert des zugehörigen Widerstandsmomentes. Das Widerstandsmoment läßt sich deuten als ein Biegemoment, das in der Randschicht des betrachteten Querschnittes eine Biegespannung von 1 kg/cm² erzeugt. Entsprechend kann das Trägheitsmoment aufgefaßt werden als ein Biegemoment, das eine Randspannung von $\frac{h}{2}$ kg/cm² hervorruft.

Es ist für

das Rechteck:

$$J = \frac{h}{2} \cdot \frac{bh^2}{6}$$

$$(35) \qquad J = \frac{bh^3}{12}$$

den Kreis:

$$J = \frac{d}{2} \cdot \frac{\pi}{32} d^3 = \frac{\pi}{64} d^4$$

$$(36) \qquad J \approx \frac{d^4}{20}.$$

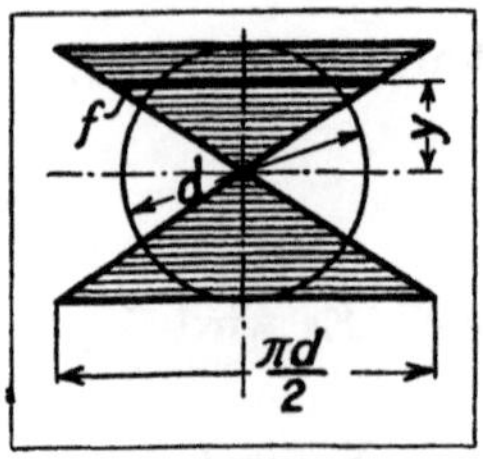

Abb. 167.

Denkt man sich die Jahresringe im Querschnitt eines Baumstammes gerade gestreckt, so entsteht eine Fläche wie die in Abb. 167 dick gezeichnete. Für diesen ergibt sich $\frac{\Sigma f y^2}{\frac{d}{2}}$ genau doppelt so groß wie das Biegewiderstandsmoment des Kreises.

Also besteht die Gl. (20) auf S. 75 ($W_d = 2W$) zu Recht.

58. Zusammengesetzte Querschnitte.

Die Querschnitte I und II in Abb. 168 besitzen denselben Flächeninhalt. Ihre Widerstandsmomente sind aber sehr verschieden groß. Diese verhalten sich wie 1 : 7. Im Doppelt T-Eisen werden die breiten Schichten am meisten ausgenutzt, im Rundeisen am wenigsten. Auf einen zweckmäßigen *Umriß* des Querschnittes kommt es also viel mehr an als auf einen großen Flächeninhalt!

Abb. 168.

Querschnitt IV entsteht aus Querschnitt III, wenn man dessen Schichten waagerecht verschiebt. In einem durch Biegung angestrengten, dünnwandigen Rohr wird also der Werkstoff so gründlich ausgenutzt wie etwa in einem Doppelt T-Eisen. Ein hohles Rundeisen ist viel ergiebiger als ein volles.

Das Widerstandsmoment berücksichtigt nicht nur die *Größe* (Flächeninhalt) des Querschnittes, sondern vor allem auch seine mehr oder weniger vorteilhafte *Gestalt* (Umriß). Darum ist das Widerstandsmoment ein Gebilde *dritten* Grades im Gegensatz zum bloßen Flächeninhalt, der nur einen Ausdruck zweiten Grades darstellt.

Die Querschnitte in Abb. 169 haben einen sehr verschiedenen Umriß. Aber in gleichen Abständen von der Nullschicht sind sie gleich breit. Darum besitzen alle drei Querschnitte nicht nur gleichen Flächeninhalt, *sondern auch gleiches Trägheitsmoment und Widerstandsmoment.*

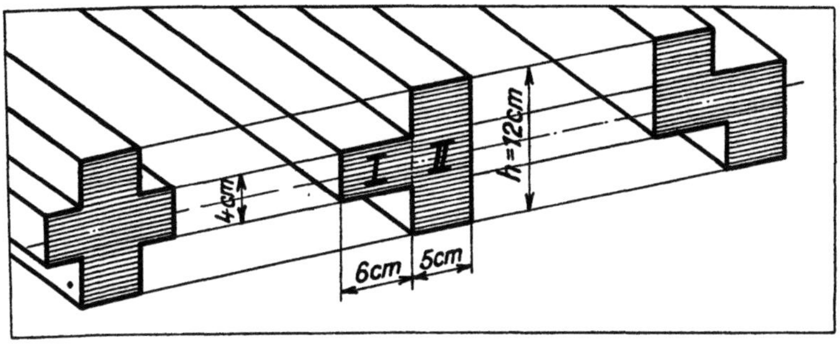

Abb. 169.

In Abb. 169 halbiert die Nullschicht die Rechtecke I und II. Das Trägheitsmoment J des *ganzen* Querschnittes ist gleich der Summe der Einzelträgheitsmomente J_I und J_{II}.

Also

(37) $$J = J_I + J_{II}.$$

Hieraus ergibt sich das Widerstandsmoment des „zusammengesetzten“ Querschnittes zu

$$W = \frac{J_{\mathrm{I}} + J_{\mathrm{II}}}{\frac{h}{2}}$$

$$J_{\mathrm{I}} + J_{\mathrm{II}} = \frac{6 \cdot 4^3}{12} + \frac{5 \cdot 12^3}{12} = 32\ \mathrm{cm}^4 + 720\ \mathrm{cm}^4 = 752\ \mathrm{cm}^4$$

$$W = \frac{752\ \mathrm{cm}^4}{6\ \mathrm{cm}} = 125{,}3\ \mathrm{cm}^3.$$

Ebenso groß ist das Widerstandsmoment aller Querschnitte in Abb. 169.

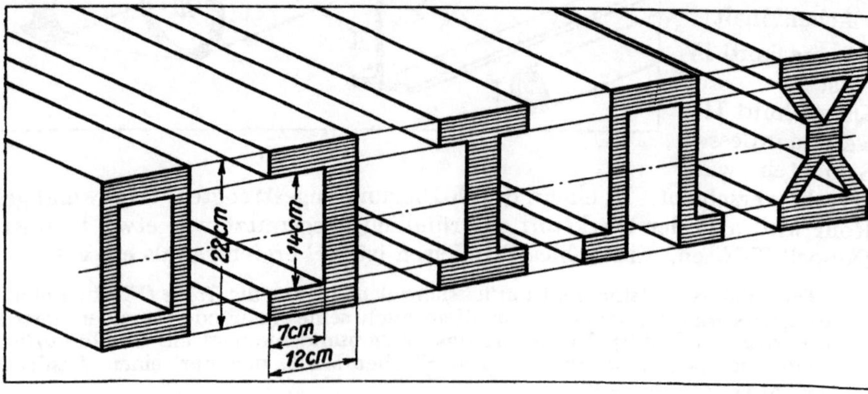

Abb. 170.

Achtung! Man hüte sich vor der naheliegenden, aber grundfalschen Rechnung:

$$W = W_{\mathrm{I}} + W_{\mathrm{II}} = \frac{6 \cdot 4^2}{6} + \frac{5 \cdot 12^2}{6} = 16\ \mathrm{cm}^3 + 120\ \mathrm{cm}^3 = 136\ \mathrm{cm}^3.$$

Das niedrige Rechteck ist weniger wert als 16 cm³. Dessen oberste Schicht wird weniger gespannt als gleichzeitig die oberste Schicht im hohen Rechteck. Darum liefert $W = W_{\mathrm{I}} + W_{\mathrm{II}}$ ein zu *großes* Ergebnis. —

Auch die Querschnitte in Abb. 170 sind in gleichen Abständen von der Nullschicht gleich breit. Darum besitzen sie trotz ihres ganz verschiedenen Umrisses ein gleich großes Trägheitsmoment und Widerstandsmoment. Für das ⊐-Eisen in Abb. 170 ist

$$W = \frac{J_{\mathrm{I}} - J_{\mathrm{II}}}{\frac{h}{2}}$$

$$J_{\mathrm{I}} - J_{\mathrm{II}} = \frac{12 \cdot 22^3}{12} - \frac{7 \cdot 14^3}{12} = 10\,648\ \mathrm{cm}^4 - 1600\ \mathrm{cm}^4 = 9048\ \mathrm{cm}^4$$

$$W = \frac{9048\ \mathrm{cm}^4}{11\ \mathrm{cm}} = 822\ \mathrm{cm}^3.$$

In diesem Falle hätte $W = W_{\mathrm{I}} - W_{\mathrm{II}}$ ein zu *kleines* Ergebnis geliefert.

Für Abb. 170 ist $J = 9048\ \mathrm{cm}^4$. Also erzeugt in jedem dieser Querschnitte ein Biegemoment von 9048 kgcm eine Randspannung von $\frac{h}{2} = \frac{22}{2} = 11\ \mathrm{kg/cm}^2$.

Aufg. 72. Eine Hohlwelle besitzt einen Außendurchmesser von 8,4 cm und einen Innendurchmesser von 4 cm. Berechne ihr Drehungswiderstandsmoment.

$$J_{\text{I}} - J_{\text{II}} = \frac{8{,}4^4}{20} - \frac{4^4}{20} = 249 - 12{,}8 = 236{,}2\ \text{cm}^4$$

$$W = \frac{236{,}2}{4{,}2} = 56{,}3\ \text{cm}^3$$

$$W_d = 2\,W = 2 \cdot 56{,}3 = 112{,}6\ \text{cm}^3$$

Aufg. 73. Berechne für Abb. 171 die Biegespannung in *dem* Querschnitt, der das Loch halbiert.

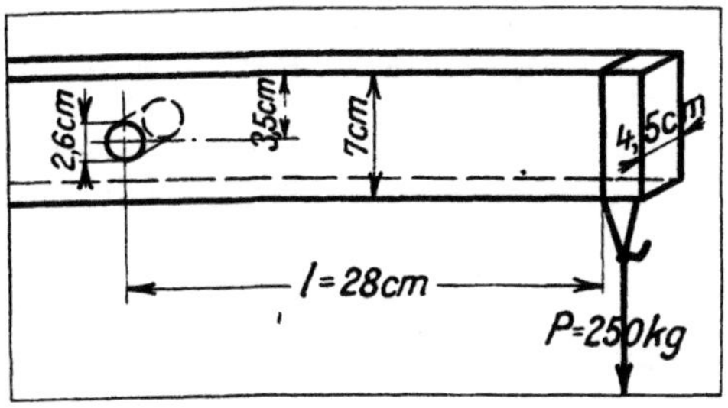

Abb. 171.

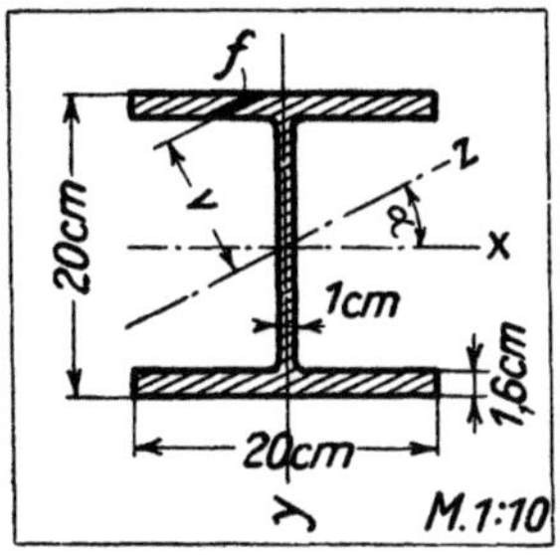

Abb. 172.

$$J_{\text{I}} - J_{\text{II}} = \frac{4{,}5 \cdot 7^3}{12} - \frac{4{,}5 \cdot 2{,}6^3}{12} = 122\ \text{cm}^4 \qquad W = \frac{122}{3{,}5} = 34{,}9\ \text{cm}^3$$

$$M = P \cdot l = 250 \cdot 28 = 7000\ \text{kgcm}$$

$$\sigma' = \frac{M}{W} = \frac{7000}{34{,}9} = 200\ \text{kg/cm}^2$$

Das Loch verformte sich infolge der Belastung: Der Krümmungshalbmesser der Lochwand nahm an der höchsten Stelle *zu*, an der tiefsten *ab*. Im Scheitel des Loches entstanden also *zusätzliche Zug*spannungen, ganz unten dagegen *zusätzliche Druck*spannungen. Darum ist in Wirklichkeit $\sigma' < 200$ kg/cm² (vgl. Abb. 49).

Aufg. 74. Abb. 172 zeigt den Querschnitt durch einen Breitflanschträger. Berechne J_x und J_y. Die Hohlkehlen zwischen Flansch und Steg sollen unberücksichtigt bleiben.

$$J_x = \frac{20 \cdot 20^3}{12} - \frac{19 \cdot 16{,}8^3}{12} = 13\,333 - 7520 = 5813\ \text{cm}^4$$

$$J_y = \frac{3{,}2 \cdot 20^3}{12} + \frac{16{,}8 \cdot 1^3}{12} = 2131 + 1{,}4 = 2132{,}4\ \text{cm}^4$$

Ermittelt man $J_z = \Sigma f \cdot v^2$, so erhält man einen Wert, der $< J_x$ und $> J_y$ ist. Mit wachsendem α nimmt J_z ab und umgekehrt. Für $\alpha = 0$ erlangt J_z seinen Größtwert von 5813 cm⁴ $= J_x$. Für $\alpha = 90^0$ besitzt J_z seinen Kleinstwert von 2132,4 cm⁴ $= J_y$. *Also stellen J_x und J_y Grenzwerte dar.*

59. Der Einfluß der Balkenhöhe.

Schneidet man vom Querschnitt I in Abb. 173 die obere und untere Spitze gleich weit ab, so entstehen die Querschnitte II und III. Es ergibt sich $J_I = 2000$ cm⁴. Hieraus folgt $W_I = \frac{2000}{10} = 200$ cm³.

Querschnitt II besitzt nur noch ein Trägheitsmoment von $J_{II} = 1540$ cm⁴. Also $W_{II} = \frac{1540}{7{,}7} = 200$ cm³. Merkwürdigerweise ist $W_{II} = W_I$, obwohl $F_{II} < F_I$. Warum? *Das Trägheitsmoment verringerte sich in demselben Verhältnis wie die Höhe.* Darum blieb der Wert des Bruches $W = \frac{J}{\frac{h}{2}}$ unverändert.

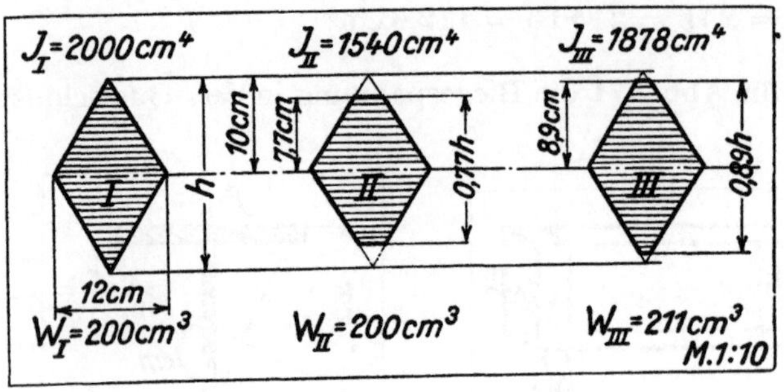

Abb. 173.

Es ist $J_{III} = 1878$ cm⁴ und folglich $W_{III} = \frac{1878}{8{,}9} = 211$ cm³. Diesmal büßte das Trägheitsmoment verhältnismäßig weniger ein als die Höhe. Darum *wuchs* das Widerstandsmoment.[1])

Schneidet man also die Spitzen des Querschnittes schichtweise immer weiter ab, so *steigt* zunächst das Widerstandsmoment, während das Trägheitsmoment von Anfang an abnimmt.

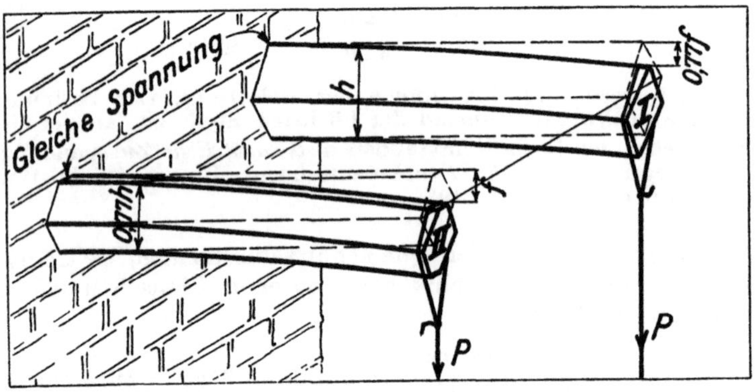

Abb. 174.

Siehe Abb. 174. Die Querschnitte dieser Balken sind dieselben wie die Querschnitte I und II in Abb. 173. Da $W_I = W_{II}$, brechen beide Balken in Abb. 174 durch die gleiche Last P, gleichen Hebelarm und Werkstoff vorausgesetzt.

1) Der ursprüngliche Querschnitt I hätte auch quadratisch sein können.

Im Augenblick des Bruches herrscht in der obersten Schicht beider Balken die gleiche Spannung. Diese Schichten haben sich also um dieselbe Strecke verlängert. Ihre Abstände von der Nullschicht sind aber verschieden. Deshalb biegt sich der niedrige Balken bis zum Bruch weiter durch als der hohe. Die *Durchbiegungen* verhalten sich *umgekehrt wie die Höhen* der Querschnitte.

Schadet die größere Durchbiegung des niedrigen Trägers nichts, so ist dieser am vorteilhaftesten. Er enthält am wenigsten Werkstoff und trägt doch mit derselben Sicherheit dieselbe Last wie der hohe Balken.

In diesem bestehen die gefährdetsten Schichten nur aus je *einer* Faser. Im niedrigen Balken enthalten sie *viele* Fasern. Dadurch wird der Nachteil ihres kürzeren Abstandes von der Nullschicht gutgemacht.

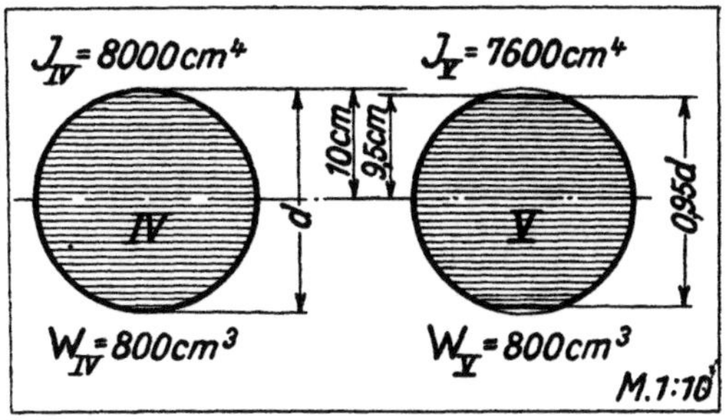

Abb. 175.

Aus demselben Grunde besitzt in Abb. 175 der abgeflachte Querschnitt V ein ebenso großes Widerstandsmoment wie der völlig kreisrunde Querschnitt IV. Es ist

$$W_{IV} = W_{V}, \quad \text{weil} \quad \frac{8000 \text{ cm}^4}{10 \text{ cm}} = \frac{7600 \text{ cm}^4}{9{,}5 \text{ cm}} = 800 \text{ cm}^3.$$

Flacht man den Querschnitt IV oben und unten gleichmäßig ab (nicht mehr als Querschnitt V), so *wächst* zunächst das Widerstandsmoment.

60. Die Lage der Nullschicht.

Betrachte Abb. 176. In gleichen Abständen von der Nullschicht sind die Zugspannungen gleich den Druckspannungen. Deshalb besitzen beide Spannungskeile *gleich große* Zuschärfungswinkel. Wieviel Grad sie betragen, ist nebensächlich.

Wird ein Träger verbogen, so bleibt die Nullschicht stets gleich lang. Ihre Lage läßt sich mit einem Feinmeßgerät ermitteln. (Dehnung = 0.)

Abb. 177 zeigt die Spannungskeile einer Schiene. *Sie sind gleich schwer*. Siehe Abb. 178.

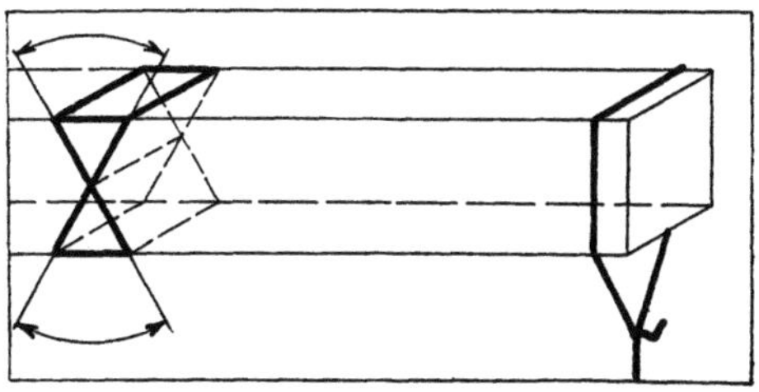

Abb. 176.

Der Querschnitt der Schiene wurde auf dickes Papier gezeichnet, ausgeschnitten und wie in Abb. 179 unterstützt. Der Abstand *e* ist gleich der Höhe des zugehörigen Spannungskeiles. Also zeigt die Kippkante in Abb. 179 die Nullschicht an.

Die Nullschicht geht durch den Schwerpunkt des Querschnittes. Sie ist eine Schwerlinie. —

Durch den Versuch in Abb. 181 wird die Nullschicht eines U-Eisens ermittelt, falls es wie auf S. 103 belastet ist. In Abb. 180 liegt die Zugzone

178

177

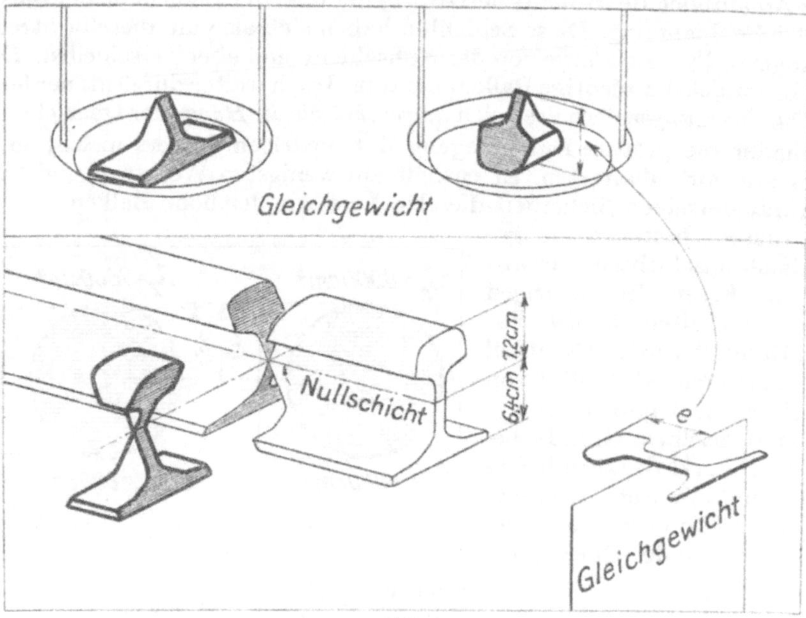

179

Abb. 177—179.

des Querschnittes auf der einen Waagschale, die Druckzone auf der anderen. Es herrscht *kein* Gleichgewicht. Die Nullschicht halbiert also *nicht* den Flächeninhalt des Querschnitts. Dagegen sind die Spannungskeile desselben U-Eisens gleich schwer (Abb. 183).

Auch die Nullschicht anderer Querschnitte liegt so, daß die *Spannungskeile raumgleich* sind. Nur darauf kommt es an! Die Nullschicht braucht weder die Höhe, noch den Flächeninhalt des Querschnittes zu halbieren. Dies geschieht ungewollt, wenn der Querschnitt regelmäßig ist, z. B. rechteckig, kreisförmig, quadratisch, doppelt T-förmig. —

180

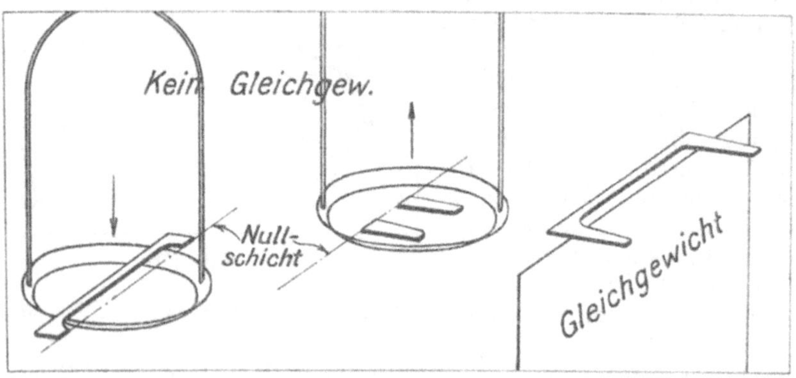

181

Abb. 180 und 181.

183

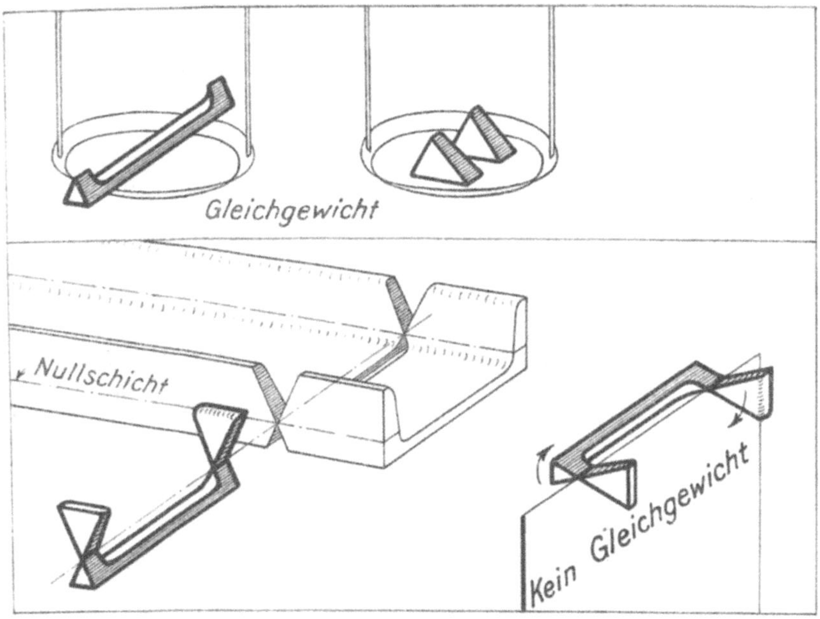

182 184

Abb. 182—184.

Das U-Eisen in Abb. 185 soll so belastet werden, daß die Nullschicht parallel zum Steg verläuft. Ihre Lage ließe sich ermitteln wie in Abb. 181.

Um das Trägheitsmoment zu bestimmen, zerlege den Querschnitt in gleich schmale Streifen (Abb. 185). Es ergibt sich für das Gebiet

oberhalb der Nullschicht:	*unterhalb* der Nullschicht:
$\Sigma f = 4{,}372\ \text{cm}^2$	$\Sigma f = 6{,}468\ \text{cm}^2$
$\Sigma f \cdot y = \mathbf{6{,}33}\ \text{cm}^3$	$\Sigma f \cdot y = \mathbf{6{,}33}\ \text{cm}^3$
$\Sigma f \cdot y^2 = 12{,}22\ \text{cm}^4$,	$\Sigma f \cdot y^2 = 7{,}01\ \text{cm}^4$.

Es ist Σf am größten *unter*halb der Nullschicht. Das beweist auch der Versuch in Abb. 180.

Für die Zug- und Druckzone gleich groß ist nur $\Sigma f \cdot y$. Darum herrscht in Abb. 183 Gleichgewicht.

$\Sigma f \cdot y^2$ ist am größten *ober*halb der Nullschicht. Deshalb kippen in Abb. 184 die zusammengelöteten Spannungskeile um. Es geschieht in der eingezeichneten Pfeilrichtung, weil der Steg des U-Eisens den kleinsten Beitrag zum Trägheitsmoment liefert. Insgesamt ist

$$J = 12{,}22\ \text{cm}^4 + 7{,}01\ \text{cm}^4 = 19{,}23\ \text{cm}^4.$$

Der genaue Wert beträgt 19,4 cm⁴ (S. 129).

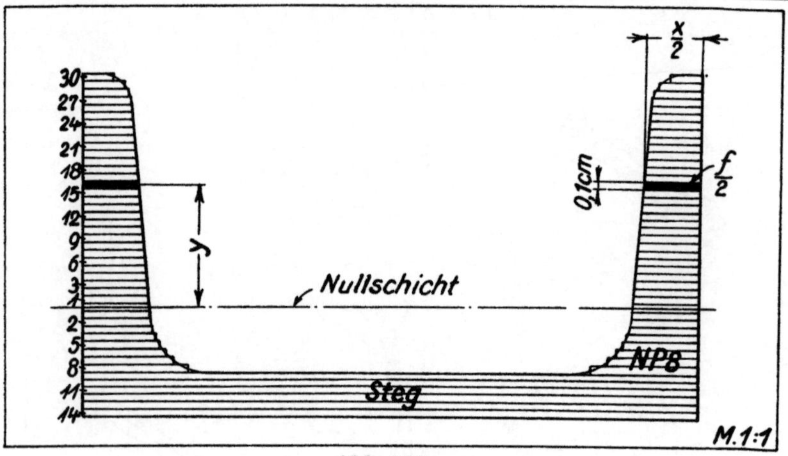

Abb. 185.

Zu Abb. 185

Oberhalb der Nullschicht						*Unterhalb* der Nullschicht					
Streifen	x (cm)	f (cm²)	y (cm)	$f \cdot y$ (cm³)	$f \cdot y^2$ (cm⁴)	Streifen	x (cm)	f (cm²)	y (cm)	$f \cdot y$ (cm³)	$f \cdot y^2$ (cm⁴)
30	0,86	0,086	3,0	0,26	0,77	14	8,00	0,800	1,4	1,12	1,60
29	1,16	0,116	2,9	0,34	0,98	13	8,00	0,800	1,3	1,04	1,35
28	1,20	0,120	2,8	0,34	0,94	12	8,00	0,800	1,2	0,96	1,15
27	1,24	0,124	2,7	0,34	0,90	11	8,00	0,800	1,1	0,88	0,97
26	1,26	0,126	2,6	0,33	0,85	10	8,00	0,800	1,0	0,80	0,80
25	1,28	0,128	2,5	0,32	0,80	9	8,00	0,800	0,9	0,72	0,65
24	1,30	0,130	2,4	0,31	0,80	8	2,80	0,280	0,8	0,22	0,18
23	1,32	0,132	2,3	0,31	0,70	7	2,35	0,235	0,7	0,16	0,12
22	1,34	0,134	2,2	0,30	0,65	6	2,16	0,216	0,6	0,13	0,08
21	1,36	0,136	2,1	0,29	0,60	5	2,00	0,200	0,5	0,10	0,05
20	1,38	0,138	2,0	0,28	0,55	4	1,90	0,190	0,4	0,08	0,03
19	1,40	0,140	1,9	0,27	0,51	3	1,85	0,185	0,3	0,06	0,02
18	1,42	0,142	1,8	0,26	0,46	2	1,82	0,182	0,2	0,04	0,01
17	1,44	0,144	1,7	0,25	0,42	1	1,80	0,180	0,1	0,02	0,00
16	1,46	0,146	1,6	0,23	0,37			6,468		6,33	7,01
15	1,48	0,148	1,5	0,22	0,33						
14	1,50	0,150	1,4	0,21	0,29						
13	1,52	0,152	1,3	0,20	0,26						
12	1,54	0,154	1,2	0,19	0,22						
11	1,56	0,156	1,1	0,17	0,19						
10	1,58	0,158	1,0	0,16	0,16						
9	1,60	0,160	0,9	0,14	0,13						
8	1,62	0,162	0,8	0,13	0,10						
7	1,64	0,164	0,7	0,12	0,08						
6	1,66	0,166	0,6	0,10	0,06						
5	1,68	0,168	0,5	0,08	0,04						
4	1,70	0,170	0,4	0,07	0,03						
3	1,72	0,172	0,3	0,05	0,02						
2	1,74	0,174	0,2	0,04	0,01						
1	1,76	0,176	0,1	0,02	0,00						
		4,372		6,33	12,22						

$$\Sigma f = 4{,}372 + 6{,}468 = 10{,}84 \text{ cm}^2$$

$$\Sigma f \cdot y^2 = 12{,}22 + 7{,}01 = 19{,}23 \text{ cm}^4$$

Aufg. 75. Berechne die Biegespannung des U-Eisens in Abb. 186.

Die Nullschicht ist gemäß S. 129 von der Randschicht n entfernt um $e = 2{,}53$ cm, von der Randschicht m um $b - e = 9{,}5 - 2{,}53 = 6{,}97$ cm. In m und n herrschen verschieden starke Biegespannungen. Es ist $\sigma'_m > \sigma'_n$.

Da $J_y = 399\ \text{cm}^4$, erzeugt ein Biegemoment von 399 cmkg in n eine Spannung von $e = 2{,}53\ \text{kg/cm}^2$. Also ist

$$W_n = \frac{J_y}{e} = \frac{399}{2{,}53} = 158\ \text{cm}^3.$$

Das heißt, ein Biegemoment von 158 kgcm erzeugt in Schicht n eine Spannung von 1 kg/cm². Entsprechend ergibt sich

$$W_m = \frac{J_y}{b-e} = \frac{399}{6{,}97} = 57{,}3\ \text{cm}^3.$$

Da $M = P \cdot l = 1000 \cdot 80 = 80\,000$ kgcm, ist

$$\sigma'_n = \frac{M}{W_n} = \frac{80\,000}{158} = 50{,}6\ \text{kg/cm}^2 \qquad \sigma'_m = \frac{M}{W_m} = \frac{80\,000}{57{,}3} = 139{,}5\ \text{kg/cm}^2$$

oder

$$\sigma' = \frac{+\ 139{,}5}{-\ \ 50{,}6}\ \text{kg/cm}^2.$$

Die Streckgrenze des Stahles ist bekanntlich nahezu gleich seiner Quetschgrenze. Daher gewährt Schicht n eine fast dreimal so große Sicherheit gegen überelastische Anstrengung wie Schicht m. Damit die gezogene und gedrückte Randschicht gleich stark gespannt, also gleich stark ausgenützt werden, müßte die Nullschicht das Maß b halbieren.

Anders sind gußeiserne Träger zu gestalten. Die Zugfestigkeit gewöhnlichen Gußeisens beträgt etwa $\frac{1}{3}$ seiner Druckfestigkeit. Für einen solchen Werkstoff wäre also die Anordnung in Abb. 187 am zweckmäßigsten. Dort herrscht in der *gezogenen* Schicht die *kleinere* Spannung.

186 187

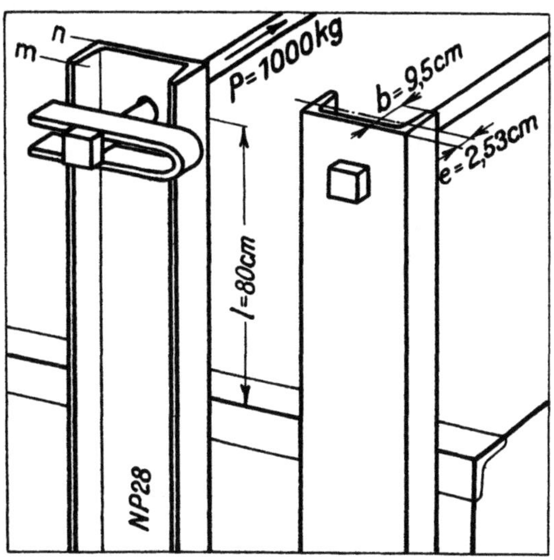

Abb. 186 und 187.

61. Gültigkeit der Biegeformel.

Die Biegeformel $\sigma' = \frac{M}{W}$ ist leider *nicht für alle Werkstoffe* gültig. Sie trifft nur zu,

1. falls die Biegespannung den Abständen von der Nullschicht verhältnisgleich ist;
2. falls in gleichen Abständen von der Nullschicht die Zugspannungen gleich den Druckspannungen sind.

Diese Bedingungen erfüllen Stahl und Holz sehr genau, aber nicht Gußeisen, Granit, Zement, Beton.

Daher herrscht erfahrungsgemäß in der *gezogenen* Randschicht des Gußeisens eine *kleinere*, in der gedrückten Randschicht eine größere Spannung, als man aus der Biegeformel errechnet. Das ist günstig. Der Sicherheitsgrad gußeiserner Träger hängt vor allem davon ab, wie stark die Spannung in der *gezogenen* Randschicht ist.

Die Nullschicht gußeiserner Werkstücke geht *nicht* durch den Schwerpunkt des Querschnittes. Ferner wächst die Biegespannung *nicht* keilförmig an.

Wenn man ein und dieselbe Sorte Gußeisen im Biegeversuch und Zugversuch prüft und aus den bekannten Formeln die Biegefestigkeit σ'_B und die Zugfestigkeit σ_B errechnet, ergibt sich $\sigma'_B > \sigma_B$. In Wirklichkeit kann aber die Zugspannung in dem gefährdetsten Punkte des *zerbrochenen* Probestabes nicht größer gewesen sein als in dem *zerrissenen*. Diese Unstimmigkeit kommt daher, weil die Biegeformel für *Gußeisen nur angenähert* zutrifft. —

Die Biegespannung stählerner Träger ist lediglich dann den Abständen von der Nullschicht verhältnisgleich, falls die Randspannungen unterhalb der Streck- und Quetschgrenze liegen. Die Biegeformel stimmt also nur genau, falls *keinerlei bleibende Verbiegung eintritt.*

XIII. Knickung.

62. Der Knickversuch.

Wenn die Stange in Abb. 188 ein wenig ausknickt, drehen sich ihre Enden um die Mittelachsen der Löcher. Darum ist deren Abstand l für die Knickgefahr maßgebend. Er wird *Knicklänge* genannt.

Kann die Stange die 900 kg schwere Last tragen, ohne zerknickt zu werden? Das läßt sich am zuverlässigsten ermitteln durch einen Versuch. Hierfür gibt es gewaltige Pressen.

Die größte Prüfmaschine der Welt gehört dem Deutschen Eisenbau - Verband und befindet sich im Staatlichen Material-Prüfungsamt zu Berlin-Dahlem.

Dort lassen sich bis 15 m lange Bauteile prüfen durch einen Druck von 3000 t oder einen Zug von 1500 t = 1500000 kg.

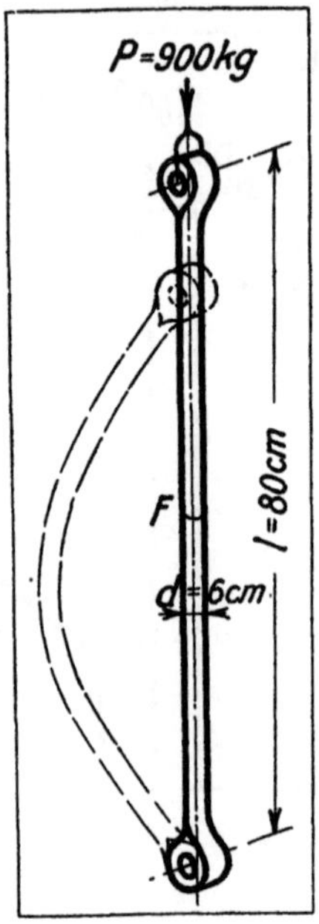

Abb.188.

Während des Versuchs müssen die Enden der Stange ebenso nachgiebig gelagert sein wie beim späteren Gebrauch. Sie wurde zerknickt durch eine Last von 4050 kg. Also gewährt sie in Abb. 188 eine

$$\nu = \frac{4050}{900} = 4{,}5\text{fache Sicherheit gegen Knicken.} —$$

Die rohrförmigen Säulen in Abb. 189 besitzen dieselben Durchmesser. Ferner bestehen sie aus demselben Werkstoff. Die Walzen sind in Wirklichkeit nicht vorhanden. Ihre *Durchmesser* gleichen den *Höhen* der Säulen. Die *Längen* der Walzen entsprechen dem *Gewicht* der Lasten.

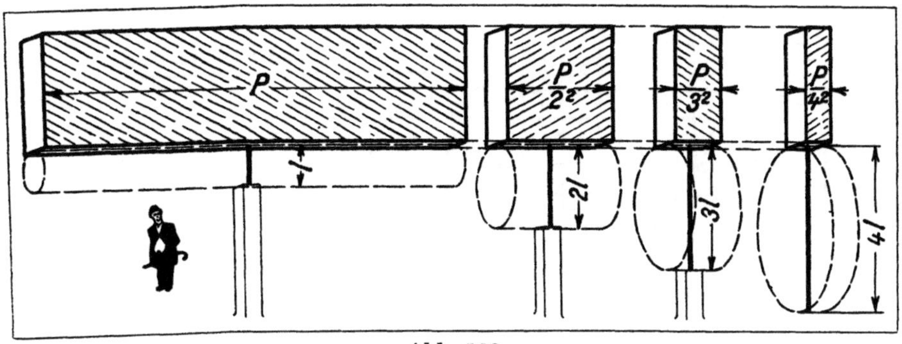

Abb. 189.

Alle Walzen besitzen denselben Rauminhalt. Eine könnte aus der anderen entstanden sein durch Stauchen oder Strecken. *Darum gewähren alle Säulen denselben Sicherheitsgrad gegen Knicken.* Das beweist ein Versuch. Wird die Höhe einer Säule verzweifacht, verdreifacht, vervierfacht, so sinkt also ihre Tragfähigkeit auf $\frac{1}{4}$, $\frac{1}{9}$, $\frac{1}{16}$ der ursprünglichen! Eine der Walzen in Abb. 189 stauche und strecke im Geiste. Stets verhält sich der Walzendurchmesser zur Walzenlänge wie die Säulenhöhe zur Tragfähigkeit, gleiche Sicherheit vorausgesetzt.

Wächst die Höhe eines durch Biegung angestrengten Balkens, so wächst seine Bruchlast lawinenartig (vgl. Abb. 64). In demselben Maße wächst die Knicklast einer Säule, während ihre Höhe *ab*nimmt.

63. Die Knickspannung.

Die Tragfähigkeit einer Säule hängt vor allem ab von ihrem *Schlankheitsgrad* λ. Darunter versteht man den Ausdruck

$$(38) \qquad \lambda = \frac{l}{\sqrt{\frac{\min J}{F}}}.$$

Hierin berücksichtigt J vor allem die *Gestalt* (Umriß) und F die *Größe* (Flächeninhalt) des Querschnittes.

Für die Stange in Abb. 188 ist $J = \frac{d^4}{20} = \frac{6^4}{20} = 64{,}8\ \text{cm}^4$ und $F = \frac{\pi}{4} 6^2 = 28{,}27\ \text{cm}^2$. Folglich

$$\lambda = \frac{180}{\sqrt{\frac{64{,}8}{28{,}27}}} = 120.$$

λ bedeutet eine unbenannte Zahl (Verhältniszahl), denn

$$\frac{\mathrm{cm}}{\sqrt{\frac{\mathrm{cm}^4}{\mathrm{cm}^2}}} = \frac{\mathrm{cm}}{\mathrm{cm}} = 1.$$

Ein Stab mit dem Schlankheitsgrad 120 zerknickt, sobald im Querschnitt F (Abb. 188) eine bestimmte Druckspannung erreicht ist. Diese *größt-*

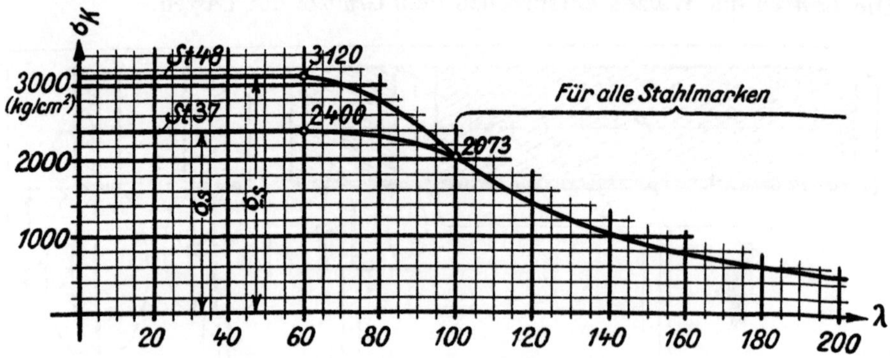

Abb. 190: Abhängigkeit der Knickspannung σ_K vom Schlankheitsgrad λ.

mögliche Druckspannung nennt man *Knickspannung*, abgekürzt σ_K. Sie läßt sich aus Abb. 190 entnehmen. Für $\lambda = 120$ findet man $\sigma_K = 1440$ kg/cm².

Im Querschnitt F ist

$$\sigma_d = \frac{P}{F} = \frac{900}{\frac{\pi}{4} 6^2} = 318 \text{ kg/cm}^2.$$

Also ergibt sich der Sicherheitsgrad gegen Knicken zu

(39) $$\nu = \frac{\sigma_K}{\sigma_d} = \frac{1440}{318} = 4{,}53.$$

Es hängt der Schlankheitsgrad λ nicht von min J und F an sich ab, sondern von dem *Verhältnis* min J/F. Damit der Werkstoff gründlich ausgenutzt, d. h. σ_K möglichst groß oder λ möglichst klein wird, muß min J möglichst groß und F möglichst klein sein. Das ist zu beachten, wenn *Leichtbau* angestrebt wird.

Alle Stahlmarken, ob legiert oder unlegiert, vergütet oder nicht vergütet, sind fast gleich biegsam (elastisch). Deshalb gilt die Kurve für $\lambda > 100$ für gewöhnlichen *und* veredelten Stahl. In diesem Bereich bleibt es völlig gleichgültig, ob die Quetschgrenze klein oder groß ist. Es hat deshalb gar keinen Zweck, den teuren Edelstahl zu verwenden für Stäbe mit $\lambda > 100$.

Wenn $\lambda < 60$, ist die Knickspannung σ_K gleich der Spannung an der Quetschgrenze σ_{-S}. Solche Stäbe lassen sich nicht zerknicken, sondern nur zerquetschen. Sie brauchen nur auf Druck berechnet zu werden.

Besitzt der Stahl eine andere Quetschgrenze als die in Abb. 190 eingezeichneten, so verläuft die zugehörige Kurve zwischen $\lambda = 60$ und $\lambda = 100$ ähnlich wie dort.

Vorausgesetzt ist stets, daß die Enden des Stabes drehbar gelagert sind. Dies pflegt man sicherheitshalber auch dann anzunehmen, wenn sie mit den benachbarten Teilen starr verbunden, z. B. vernietet wurden.

Die Kurven in dem Gebiet von $\lambda = 60$ bis $\lambda = 100$ müssen punktweise durch Knickversuche ermittelt werden.[1]) Dagegen gilt für $\lambda > 100$ ein bestimmtes Gesetz. Es lautet

$$\sigma_K \cdot \lambda^2 = \text{unveränderlich.} \tag{40}$$

Die Kurve für $\lambda > 100$ ist also eine Hyperbel 3. Grades. Für $\lambda = \infty$ wäre $\sigma_K = 0$.

Die Knickfestigkeit wurde bereits von dem Schweizer *Euler* (1707—1783) streng mathematisch begründet. Man spricht daher von einer „Euler-Hyperbel".

In Abb. 189 besitzen die Walzen gleichen Rauminhalt. Also ist

$$\text{Last} \cdot \text{Knicklänge}^2 = \text{unveränderlich.}$$

Diesem Gesetz liegt ebenfalls eine Hyperbel 3. Grades zugrunde. Darum gilt Abb. 189 nur, wenn $\lambda > 100$.

Werden alle Abmessungen der Stange in Abb. 188 verdoppelt, so behalten λ und folglich auch σ_K ihre ursprünglichen Werte. Die Tragfähigkeit der Stange wird aber vervierfacht, weil sich ihr Querschnitt vervierfachte. Dieser Schluß ist nur zulässig, wenn $\lambda > 100$.

Aufg. 76. Ein Breitflanschträger mit dem Querschnitt in Abb. 172 ist 250 cm lang und trägt als Säule eine 24000 kg schwere Last. Berechne den Sicherheitsgrad gegen Knicken.

Die Säule wird nach der schwächsten Seite ausknicken. Es ist also nicht J_x oder J_z maßgebend, sondern $J_y = 2132{,}4\ \text{cm}^4$. Da ferner

$$F = 20 \cdot 3{,}2 + 16{,}8 \cdot 1 = 80{,}8\ \text{cm}^2,$$

ist

$$\lambda = \frac{l}{\sqrt{\frac{\min J}{F}}} = \frac{250}{\sqrt{\frac{2132{,}4}{80{,}8}}} = 153{,}8\,.$$

Aus Abb. 190 ergibt sich für $\lambda = 153{,}8$ $\sigma_K = 820\ \text{kg/cm}^2$. Ferner ist

$$\sigma_d = \frac{P}{F} = \frac{24000}{80{,}8} = 297\ \text{kg/cm}^2.$$

Also

$$\nu = \frac{\sigma_K}{\sigma_d} = \frac{820}{297} = 2{,}76\,.$$

Die Enden der Säule sind nicht drehbar gelagert, sondern mit waagerechten, quadratischen Platten vernietet. Deshalb ist der wahre Sicherheitsgrad größer als 2,76.

1) „Stahl 37" bedeutet Stahl mit einer Zugfestigkeit von 37 kg/mm² oder 3700 kg/cm². In den Vorschriften für die Eisenbauwerke der Deutschen Reichsbahn-Gesellschaft vom 25. Februar 1925 sind die Punkte 3120 und 2400 kg/cm² mit dem Punkt für 2073 kg/cm² der Einfachheit halber durch zwei schräge *Geraden* verbunden. Diese zeichne in Abb. 190 ein.

Aufg. 77. Ein Stahlrohr ist 300 cm lang und besitzt eine Quetschgrenze von $\sigma_{-S} = 2400\ \mathrm{kg/cm^2}$. Der äußere Durchmesser beträgt 15,9 cm, der innere 15 cm. Das Rohr soll als Säule benutzt werden und eine Last von 12000 kg tragen. Wie groß ist der Sicherheitsgrad gegen Knicken? Zeichne den Rohrquerschnitt in natürlicher Größe auf.

$$J = \frac{15{,}9^4}{20} - \frac{15^4}{20} = 669\ \mathrm{cm^4}$$

$$F = \frac{\pi}{4}\,15{,}9^2 - \frac{\pi}{4}\,15^2 = 21{,}84\ \mathrm{cm^2}$$

$$\lambda = \frac{l}{\sqrt{\frac{J}{F}}} = \frac{300}{\sqrt{\frac{669}{21{,}84}}} = 54{,}2$$

Da $\lambda < 60$, ist $\sigma_K = \sigma_{-S}$. Das heißt, das Rohr wird schlimmstenfalls gar nicht zerknickt, sondern zerquetscht.

$$\sigma_d = \frac{P}{F} = \frac{12000}{21{,}84} = 550\ \mathrm{kg/cm^2}$$

Der Sicherheitsgrad gegen Zerquetschen beträgt also

$$\nu = \frac{\sigma_{-S}}{\sigma_d} = \frac{2400}{550} = 4{,}37. \text{ —}$$

Das Trägheitsmoment eines Quadrates ist für jede Achse, die durch den Mittelpunkt geht, gleich groß (wie beim Kreise).

Eine Säule mit quadratischem Querschnitt kann also nach jeder beliebigen Richtung ausknicken!

Da das Trägheitsmoment des Quadrates seine Größe nicht ändert, während man die Nullschicht dreht, erlangt das Widerstandsmoment seinen *Kleinst*wert, wenn die Nullschicht mit der Diagonale zusammenfällt.

Aufg. 78. Wie lang darf eine stählerne Säule mit $\sigma_{-S} = 3120\ \mathrm{kg/cm^2}$ und quadratischem Querschnitt, dessen Kante 6 cm mißt, höchstens sein, damit sie eine 47600 kg schwere Last mit 2facher Sicherheit gegen Knicken tragen kann?

$$\sigma_d = \frac{P}{F} = \frac{47600}{6 \cdot 6} = 1320\ \mathrm{kg/cm^2} \qquad \sigma_K = 2 \cdot 1320 = 2640\ \mathrm{kg/cm^2}$$

Aus Abb. 190 folgt für $\sigma_K = 2640\ \mathrm{kg/cm^2}$ $\lambda = 85$. Also

$$l = \lambda \sqrt{\frac{\min J}{F}} = 85 \sqrt{\frac{6^4}{12 \cdot 6^2}} = 85\sqrt{3}$$

$$l = 147\ \mathrm{cm}.$$

XIV. Aufgabensammlung.

In den folgenden Abbildungen und Aufgaben bedeuten die Maßzahlen nicht cm, sondern mm. Auch in metallgewerblichen Werkzeichnungen werden die Maße stets in mm angegeben.

Ferner bemißt man große Lasten oft nach t (Tonnen) statt nach kg.

Die Spannung des Werkstoffes wird aber in kg/cm² ausgedrückt. *Darum verwandle man stets vor Beginn der Festigkeitsrechnung die mm in cm, die t in kg!* Sonst entstehen die gröbsten Fehler.

Die folgenden Ergebnisse wurden mit dem Rechenschieber ermittelt.

64. Zug, Druck, Schub.

Aufg. 1. Ein Flacheisen ist 64 mm breit und 18 mm dick. Es wird mit 7200 kg belastet. Berechne die Zugspannung.

Ergebnis: $\sigma = 625$ kg/cm².

Aufg. 2. Der Probestab in Abb. 14 begann zu fließen, als die Zerreißmaschine eine Last anzeigte von 12951 kg. Berechne die Streckgrenze dieses Werkstoffes.

Ergebnis: $\sigma_S = 4120$ kg/cm².

Aufg. 3. Eine Kette aus 24 mm dickem Rundeisen muß laut Dinormen durch eine Probelast von 11000 kg geprüft werden. Berechne ihre Spannung während der Probebelastung.

Ergebnis: $\sigma = 1217$ kg/cm².

Die Probelast soll das Doppelte der Nutzlast betragen.

Aufg. 4. Ein Quadrateisen zerriß infolge 10000 kg. Welche Last kann ein ebenso dickes Rundeisen aus demselben Werkstoff bis zum Bruch tragen?

Ergebnis: $P = 7850$ kg.

Aufg. 5. An einem Rundeisen mit 38 mm Durchmesser hängen 13500 kg. Es besitzt eine Streckgrenze von 2530 kg/cm². Berechne den Sicherheitsgrad gegen Strecken.

Ergebnis: $\nu = 2{,}1$.

Aufg. 6. Berechne für Abb. 191 die Zugspannung in den Querschnitten $A-B$ und $C-D$, sowie den Leibungsdruck.

Ergebnis:

$\sigma_{A-B} = 430$ kg/cm², $\sigma_{C-D} = 394$ kg/cm², $\sigma_l = 533$ kg/cm².

Aufg. 7. Betrachte Abb. 192. Welcher der Querschnitte $A-B$, $C-D$, $E-F$ und $G-H$ ist am meisten und am wenigsten gefährdet? Berechne die Zugspannung im gefährdetsten Querschnitt.

Ergebnis: Am meisten gefährdet ist Querschnitt $A-B$, am wenigsten $C-D$.

$$\sigma_{A-B} = 678 \text{ kg/cm}^2.$$

Aufg. 8. Betrachte Abb. 212. Ist das glühende Walzgut zu dick, so verbiegen sich die Walzen *bleibend*, falls die gußeisernen Brechtöpfe fehlen. Diese werden zerdrückt, bevor die teuren Walzen Schaden nehmen.

Berechne für Abb. 193 die Druckspannung im Querschnitt A—B und der Stirnfläche C—D. Infolge einer Belastung von 600 t wird der Brechtopf zerdrückt.

Ergebnis: In A—B ist $\sigma_d = 3900$ kg/cm².

„ C—D „ $\sigma_d = 4775$ kg/cm² ($= \sigma_{-B}$).

Der Brechtopf ähnelt der Sicherung in der elektrischen Leitung.

191

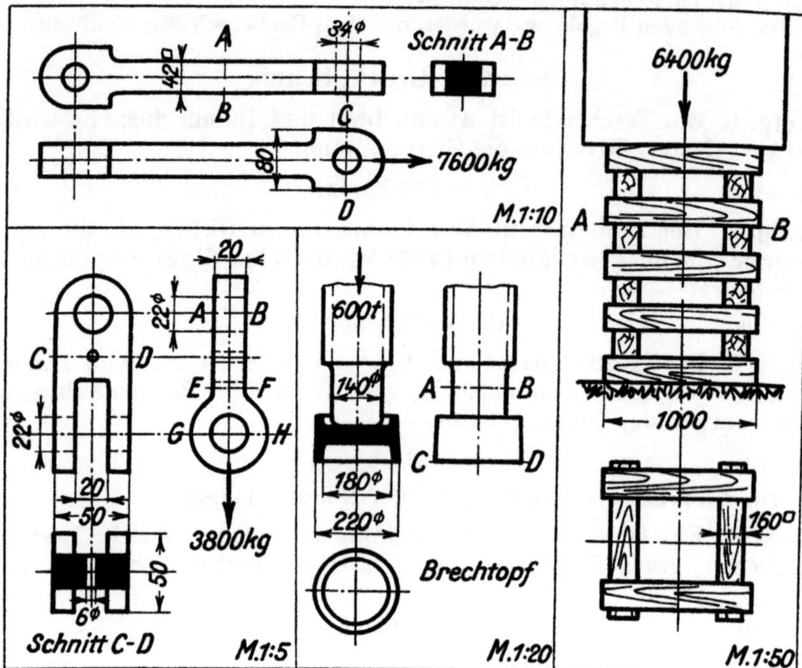

192 193 194

Abb. 191—194.

Aufg. 9. Wie groß ist in Abb. 194 die Druckspannung des Erdbodens und in der Fuge A—B?

Ergebnis: Auf dem Erdboden ist $\sigma_d = 2{,}0$ kg/cm².

In A—B ist $\sigma_d = 6{,}25$ kg/cm².

Aufg. 10. Eine rohrförmige, kurze Säule soll einen äußeren Durchmesser von 200 mm erhalten, eine Last von 33,9 t tragen und mit $\sigma_d = 300$ kg/cm² angestrengt werden. Berechne den inneren Durchmesser der Säule.

Ergebnis: $d_i = 160$ mm.

Aufg. 11. Das Tragseil der Personen-Schwebebahn auf die Zugspitze (2964 m ü. d. M., 1926 eingeweiht) hat einen Durchmesser von 48 mm und steigt unter einem Winkel von durchschnittlich 30° an. Es besteht aus 19 Litzen mit je 7 Drähten von 3,2 mm Durchmesser. Die Zugfestigkeit beträgt 16500 kg/cm². Laut behördlicher Vorschrift darf das Tragseil mit

4 facher Sicherheit gegen Zerreißen gespannt werden. Berechne die höchstens zulässige Belastung in der Längsrichtung des Seiles.

Ergebnis: max $P = 44200$ kg.

Aufg. 12. Berechne für Abb. 195 die Zugspannung in den angedeuteten Querschnitten, sowie den Sicherheitsgrad im gefährdetsten Querschnitt, wenn $\sigma_S = 2150$ kg/cm².

Ergebnis: $\sigma_{A-B} = 312$ kg/cm², $\sigma_{C-D} = 293$ kg/cm².

$\sigma_{E-F} = 413$ kg/cm², $\sigma_{G-H} = 493$ kg/cm².

Im gefährdetsten Querschnitt ist $\nu = 4{,}4$ (gegen Strecken).

Die Kupplung riß im Querschnitt *E—F*, obwohl im Querschnitt *G—H* die Spannung am größten war. Es handelt sich um einen *Dauer*bruch.

195

196

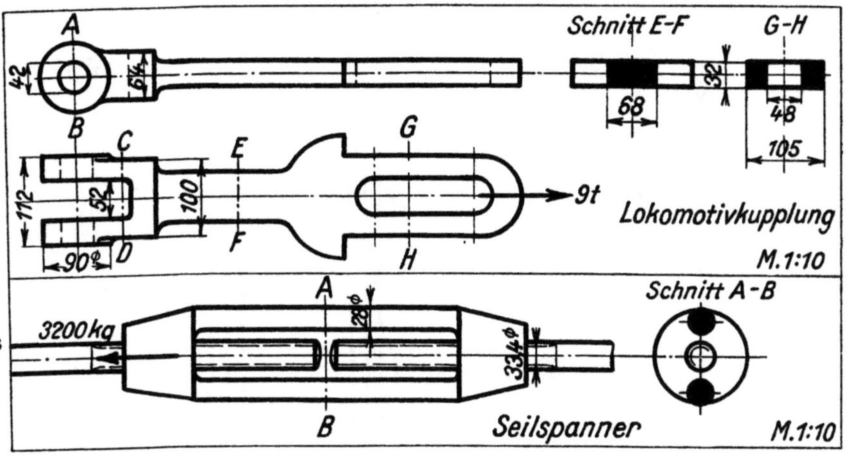

Abb. 195 und 196.

Aufg. 13. Wie stark ist in Abb. 196 die Spannung im Gewinde und im Schnitt *A—B*?

Ergebnis: Im Gewindekern $\sigma = 365$ kg/cm², $\sigma_{A-B} = 260$ kg/cm².

Aufg. 14. Braunkohlen-Preßlinge werden durch den Druck eines Stempels erzeugt. Dieser besitzt eine Druckfläche von 120 cm². Er übt eine Kraft aus von 100 t. Berechne die Pressung der Kohle.

Ergebnis: $\sigma_d = 833$ kg/cm².

Aufg. 15. Man fertige aus Gußeisen einen Probewürfel mit 2 cm Kantenlänge. Er zerbrach infolge einer Druckkraft von 24680 kg. Berechne die Druckfestigkeit σ_{-B}.

Ergebnis: $\sigma_{-B} = 6170$ kg/cm².

Aufg. 16. Das Förderseil eines Bergwerkes muß eine 6 fache Sicherheit gegen Zerreißen gewähren laut behördlicher Vorschrift. Die Zugfestigkeit der Drähte beträgt 17200 kg/cm². Förderkorb, Ladung und Seil wiegen zusammen 34000 kg. Berechne den erforderlichen Seilquerschnitt.

Ergebnis: $F = 11{,}86$ cm².

Aufg. 17. Eine Lochstanze vermag einen Stempeldruck zu erzeugen von 5000 kg. Sie soll quadratische Löcher stanzen mit einer Kantenlänge von 22 mm. Wie dick darf das Blech höchstens sein, wenn $\tau_B = 3300$ kg/cm²?

Ergebnis: max $s = 1{,}72$ mm.

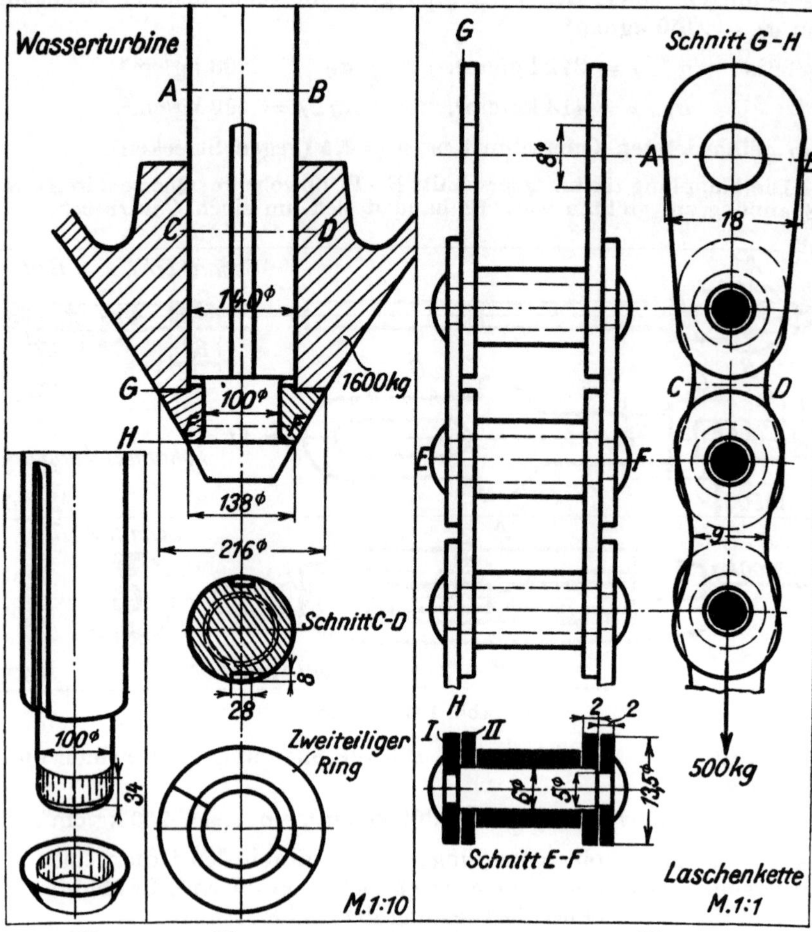

197 198 Abb. 197—199. 199

Aufg. 18. Berechne die Druckspannung zwischen Stempel und Blech der vorigen Aufgabe.

Ergebnis: $\sigma_d = 1030$ kg/cm².

Aufg. 19. Abb. 198 zeigt, wie das Laufrad einer Wasserturbine mit einer senkrechten Welle verbunden ist. Eine solche Welle muß sich von oben in das Rad einführen lassen. Das Laufrad wiegt 1600 kg. Es wird mittels eines aufgeschnittenen Ringes vom Wellenbund getragen.

Der Wellenbund könnte schlimmstenfalls wie in Abb. 197 durch Schub abgestreift werden. Berechne die dortige durchschnittliche Schubspannung, ferner die Zugspannung in den Querschnitten A—B, C—D und E—F, sowie die Druckspannung in den Fugen G und H.

Ergebnis:

$\sigma_{A-B} = 10{,}4\ \text{kg/cm}^2$ $\quad\sigma_{C-D} = 10{,}7\ \text{kg/cm}^2$ $\quad\sigma_{E-F} = 20{,}4\ \text{kg/cm}^2$.

In G ist $\quad\sigma_d = 7{,}5\ \text{kg/cm}^2$.

In H ergibt sich $\quad\sigma_d = 22{,}5\ \text{kg/cm}^2$

$\tau = 15\ \text{kg/cm}^2$.

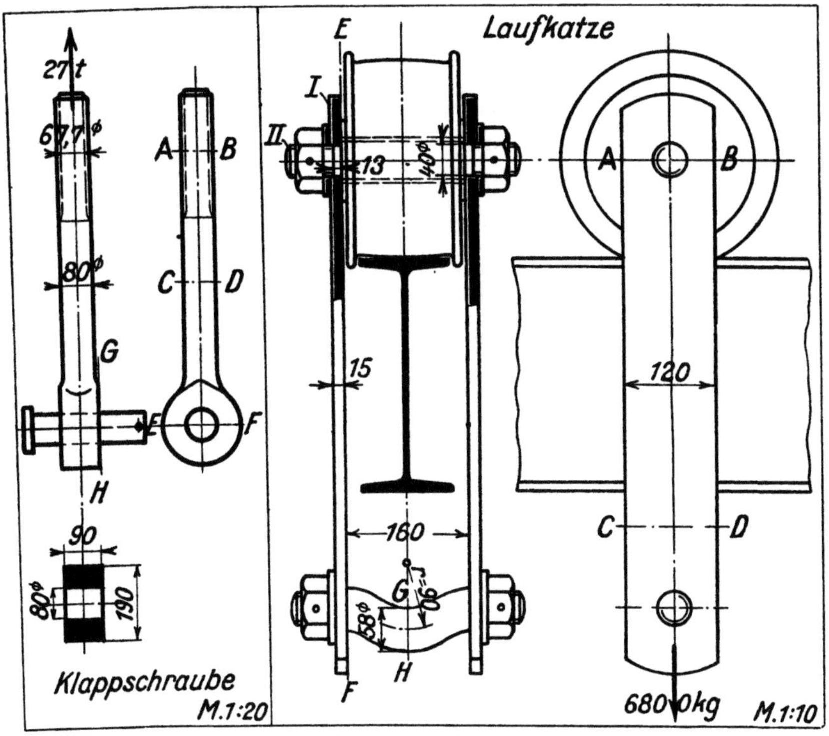

Abb. 200 und 201.

Aufg. 20. Berechne für Abb. 199 die Zugspannung in den Querschnitten A—B, C—D und E—F, die Schubspannung der Bolzen im Querschnitt G—H, den Leibungsdruck, sowie den *kleinsten* Sicherheitsgrad gegen Strecken und Quetschen, wenn $\sigma_S = \sigma_{-S} = 3400\ \text{kg/cm}^2$. (Die drehbaren Rollen sind mit Stickstoff gehärtet.)

Ergebnis:

$\sigma_{A-B} = 1250\ \text{kg/cm}^2$ $\quad\sigma_{C-D} = 1390\ \text{kg/cm}^2$

$\sigma_{E-F} = 1470\ \text{kg/cm}^2$ (Lasche I) $\quad\sigma_{E-F} = 1667\ \text{kg/cm}^2$ (Lasche II)

$\sigma_l = 2500\ \text{kg/cm}^2$ (Lasche I) $\quad\sigma_l = 2080\ \text{kg/cm}^2$ (Lasche II)

$\tau_{G-H} = 1280\ \text{kg/cm}^2$

min $\nu = 2{,}0$ (gegen Strecken) $\quad$ min $\nu = 2{,}7$ (gegen Quetschen).

Aufg. 21. Wieviel betrügen in Abb. 199 die Spannungen, wenn alle Maße verdoppelt würden und die Last dieselbe bliebe?

Ergebnis: Es wären σ, σ_l und τ nur ein Viertel so groß wie vorher.

Aufg. 22. Berechne für Abb. 200 die Zugspannung in den Querschnitten $A—B$, $C—D$ und $E—F$, die durchschnittliche Schubspannung des Bolzens im Querschnitt $G—H$, sowie den Leibungsdruck.

Ergebnis: $\sigma_{A-B} = 750$ kg/cm² $\sigma_{C-D} = 537$ kg/cm²

$\sigma_{E-F} = 273$ kg/cm² $\tau_{G-H} = 268{,}5$ kg/cm²

$\sigma_l = 375$ kg/cm².

Aufg. 23. Wie groß ist in Abb. 201 die Zugspannung der Laschen in den Querschnitten $A—B$ und $C—D$, die Schubspannung im Querschnitt $E—F$, sowie der Leibungsdruck zwischen Teil I und II?

Ergebnis: $\sigma_{A-B} = 283$ kg/cm² $\sigma_{C-D} = 189$ kg/cm²

$\tau_{E-F} = 271$ kg/cm² $\sigma_l = 653$ kg/cm².

Aufg. 24. Wie groß ist für Abb. 203 die Zugspannung des Gewindekernes und der gußeisernen Rohrwand im Längsschnitt?

Ergebnis: In den Schrauben $\sigma = 300$ kg/cm².

In der Rohrwand $\sigma = 98$ kg/cm².

In der Nähe des Flansches ist die Spannung des Rohres bedeutend kleiner als 300 kg/cm³.

Aufg. 25. Wieviel betrüge in Abb. 203 die Zugspannung der Schrauben und der Rohrwand, wenn man alle Maße, die Flüssigkeitsspannung und die Anzahl der Schrauben verdoppelte?

Ergebnis: Das Gewinde würde ebenso hoch, die Rohrwand doppelt so hoch gespannt wie vorher.

Aufg. 26. Der Kessel in Abb. 204 besteht aus dem Ober- und Unterkessel, den Verbindungsstutzen, sowie dem Dampfdom. Alle Nähte sind geschweißt.

202 203

204

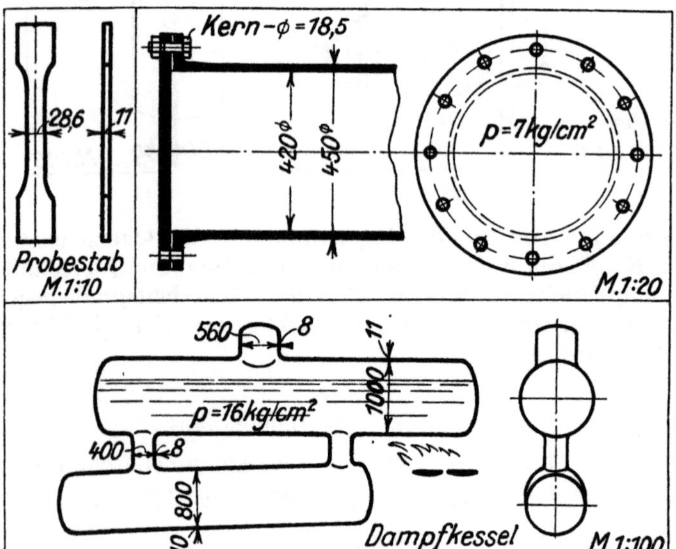

Abb. 202—204.

Berechne die Spannungen in dem am meisten und am wenigsten gefährdeten Kesselteil.

Ergebnis: Im Oberkessel ist $\sigma = 727$ kg/cm².

„ Verbindungsstutzen ist $\sigma = 400$ kg/cm².

Aufg. 27. Abb. 202 zeigt einen Probestab aus dem Kesselblech in Abb. 204. Er begann zu fließen infolge einer Zugkraft von 6670 kg. Berechne den Sicherheitsgrad des Oberkessels gegen Strecken.

Ergebnis: $\nu = 2{,}9$.

Aufg. 28. Ein Bleirohr für Wasserleitungen besitzt einen inneren Durchmesser von 22 mm und eine Wanddicke von 3 mm. Zeichne den Querschnitt in natürlicher Größe auf. Die zulässige Wasserspannung darf höchstens 17 kg/cm² betragen. Wie groß ist dann die Zugspannung des Bleies?

Ergebnis: $\sigma = 62{,}3$ kg/cm².

Aufg. 29. Der äußere Durchmesser einer Sauerstoff-Flasche beträgt 212 mm, der innere 200 mm. Zeichne ihren Querschnitt in natürlicher Größe auf. Die Flasche wird einem Probedruck von 50 kg/cm² unterworfen. Der Werkstoff besitzt eine Streckgrenze von 3600 kg/cm². Berechne den Sicherheitsgrad gegen Strecken.

Ergebnis: $\nu = 4{,}3$.

Aufg. 30. Ein geschweißter Behälter mit 640 mm innerem Durchmesser soll Preßluft aufnehmen, deren Spannung 80 kg/cm² beträgt. Für die Anstrengung des Bleches sind $\sigma = 900$ kg/cm² zulässig. Berechne die erforderliche Blechdicke.

Ergebnis: $s = 28{,}4$ mm.

Aufg. 31. Das Feuer eines Lokomotivkessels streicht *durch* die Heizrohre. Diese besitzen einen äußeren und inneren Durchmesser von 50 und 45 mm. Der Dampfdruck beträgt 18 kg/cm². Berechne die Beanspruchung der Heizrohre. Zeichne ihren Querschnitt in natürlicher Größe auf.

Ergebnis: $\sigma_d = 180$ kg/cm².

Aufg. 32. Die Wasserturbinen des Walchenseewerkes (in den bayrischen Alpen 1919—1924 erbaut) werden gespeist durch 6 Rohrleitungen, die vor dem Maschinenhaus einen inneren Durchmesser von je 1850 mm und eine Wanddicke von 27 mm besitzen. Die Wasserspannung vor dem Maschinenhaus beträgt 20 kg/cm². Berechne die Zugspannung der Rohrwand.

Ergebnis: $\sigma = 685$ kg/cm².

65. Biegung.

Für kreisförmige Querschnitte setze $W \approx \frac{d^3}{10}$ und $J \approx \frac{d^4}{20}$.

Aufg. 33. Berechne die Biegespannung des Balkens in Abb. 205 und die Senkung der Last, falls $E = 110000$ kg/cm².

Ergebnis: $\sigma' = 84{,}5$ kg/cm² $f = 1{,}73$ mm.

Das Balken*ende* hat sich um mehr als 1,73 mm gesenkt!

Aufg. 34. Abb. 207 zeigt eine Gußform für Stahlblöcke. Sie wiegt mit Inhalt 43 t. Berechne die Biegespannung der Tragzapfen.

Ergebnis: $\sigma' = 271$ kg/cm².

205
206
207

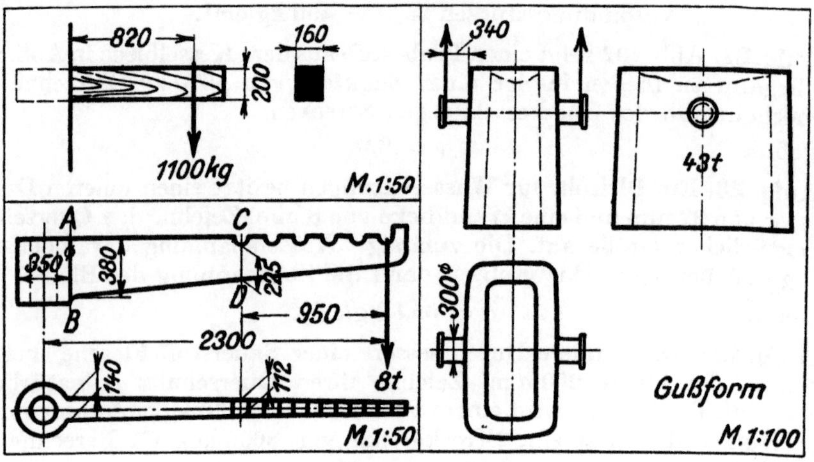

Abb. 205—207.

Aufg. 35. Wieviel beträgt für Abb. 206 die Biegespannung in dem gefährdetsten der beiden Querschnitte $A-B$ und $C-D$?

Ergebnis: Am gefährdetsten ist Querschnitt $C-D$.

$$\sigma'_{C-D} = 804 \text{ kg/cm}^2.$$

Aufg. 36. Wieviel betrüge in Abb. 206 die Biegespannung, wenn alle Maße verdoppelt würden und die Last dieselbe bliebe?

Ergebnis: Die Biegespannung wäre nur ein Viertel so groß wie vorher.

208 209

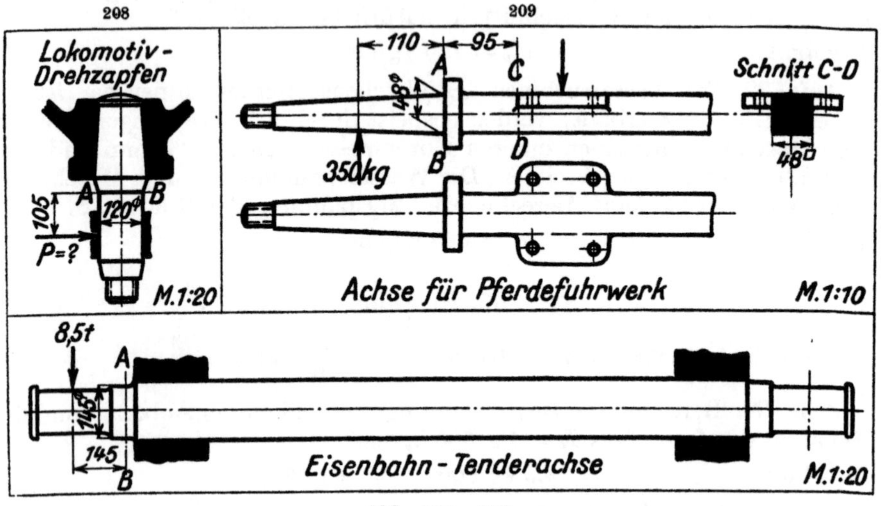

Abb. 208—210.

Aufg. 37. An einem 100 mm dicken Quadrateisen hängt eine Last von 1000 kg in einem Abstand von 1000 mm vom gefährdetsten Querschnitt. Berechne die Biegespannung.

Ergebnis: $\sigma' = 600$ kg/cm².

Aufg. 38. Der Zapfen in Abb. 208 sitzt senkrecht in der Lokomotive. Um ihn dreht sich das Gestell mit den Vorderrädern. Die Streckgrenze des Stahles beträgt 2650 kg/cm². Welche Last P kann der Zapfen höchstens aufnehmen, ohne bleibend verformt (verbogen) zu werden?

Ergebnis: $\max P = 43{,}6\,t$.

Aufg. 39. Berechne für Abb. 209 die Biegespannung in den Querschnitten $A-B$ und $C-D$.

Ergebnis: $\sigma'_{A-B} = 348$ kg/cm² $\sigma'_{C-D} = 390$ kg/cm².

Aufg. 40. Betrachte Abb. 210. Der Achsschenkel brach im Querschnitt $A-B$. Berechne den dortigen Sicherheitsgrad gegen Strecken, wenn $\sigma_S = 3300$ kg/cm².

Ergebnis: $\nu_{A-B} = 8{,}2$.

Aufg. 41. Urteile über die Art des Bruches in Aufg. 40.

Antwort: Es handelt sich um einen Dauerbruch, da

$$\sigma' < \sigma_S.$$

Aufg. 42. Berechne für Abb. 109 die Biegespannung der U-Eisen. Beide Riemenscheiben wiegen insgesamt 260 kg.

Ergebnis: $\sigma' = 39{,}6$ kg/cm².

Aufg. 43. Welches U-Eisen besitzt fast dasselbe W_x wie ein Doppelt T-Eisen NP 21?

Ergebnis: U-Eisen NP 22.

Aufg. 44. Für welches Doppelt T-Eisen ist W_y möglichst ebenso groß wie das W_x eines U-Eisens NP 12?

Ergebnis: Doppelt T-Eisen NP 28.

Aufg. 45. Welches Doppelt T-Eisen ist in stehender Lage fast ebenso biegefest wie ein Rundeisen mit 210 mm Durchmesser?

Ergebnis: Doppelt T-Eisen NP 34.

Aufg. 46. Berechne für die U-Eisen NP 3 und 30 den Wert $\frac{W_x}{F}$.

Ergebnis: Das NP 3 ergibt 0,78 cm³/cm², das NP 30 liefert 9,1 cm³/cm².

Aufg. 47. Das große Profil der vorigen Aufgabe ist im Verhältnis zum Querschnitt wievielmal so ergiebig wie das kleine?

Ergebnis: Das NP 30 nutzt den Werkstoff 11,7 mal so gut aus wie NP 3.

Aufg. 48. Wie verhalten sich in Abb. 209 die Widerstandsmomente der Querschnitte $A-B$ und $C-D$ zueinander?

Ergebnis: Sie verhalten sich wie 6 : 10.

Aufg. 49. In Abb. 211 sind die Zähne der Zahnstange und des Rades gleich breit, nämlich 58 mm. Der Stahl besitzt eine Streckgrenze von 5200 kg/cm². Berechne die Biegespannung im Querschnitt $C-D$ und den Sicherheitsgrad gegen bleibende Verbiegung im Querschnitt $A-B$.

Ergebnis: $\sigma'_{C-D} = 381$ kg/cm² $\nu_{A-B} = 2{,}5$.

Aufg. 50. In Abb. 212 können auf den Enden der Walzen höchstens 600 t lasten, denn die Brechtöpfe werden hierdurch zerstört. Die Streckgrenze der Walzen beträgt 3890 kg/cm² (vergüteter Nickelchromstahl). Diesen

211

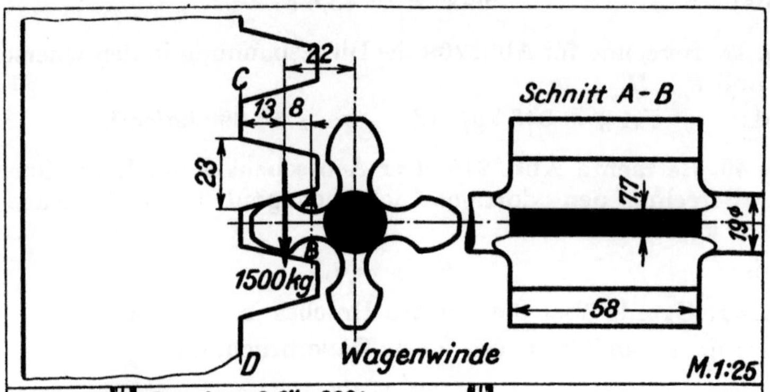

212

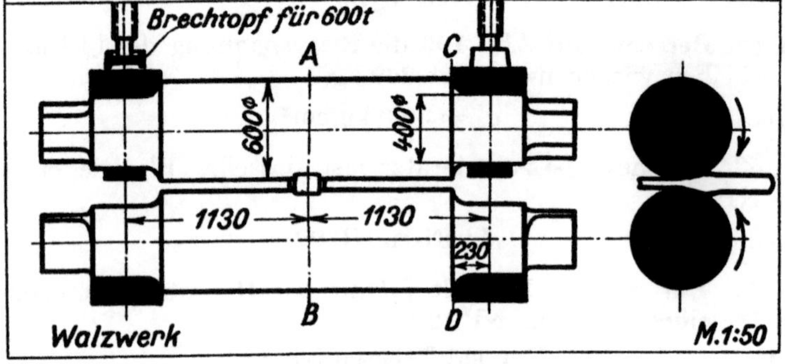

Abb. 211 und 212.

Wert darf die Biegespannung nicht überschreiten, damit die Walzen völlig elastisch bleiben. Ist das gewährleistet?

Ergebnis: Ja, denn $\sigma'_{A-B} = 3140$ kg/cm² $\sigma'_{C-D} = 2160$ kg/cm² (ohne Berücksichtigung der Hohlkehle).

Die Walzen für Quadrateisen leiden sehr unter den scharfen, eingedrehten Kerben!

Aufg. 51. Abb. 213 zeigt eine Vorrichtung zum Geraderichten krummer Wellen. Der Kolben wird hochgepumpt. Da die Welle bleibend verformt werden soll, muß ihre Biegespannung mindestens gleich der Streckgrenze sein. Diese betrage 5000 kg/cm².

Berechne die Biegespannung im Querschnitt $A-B$, die Zugspannung im Querschnitt $C-D$ und die Wasserspannung p.

Ergebnis: $\sigma'_{A-B} = 466$ kg/cm² $\sigma_{C-D} = 95$ kg/cm² $p = 172$ kg/cm².

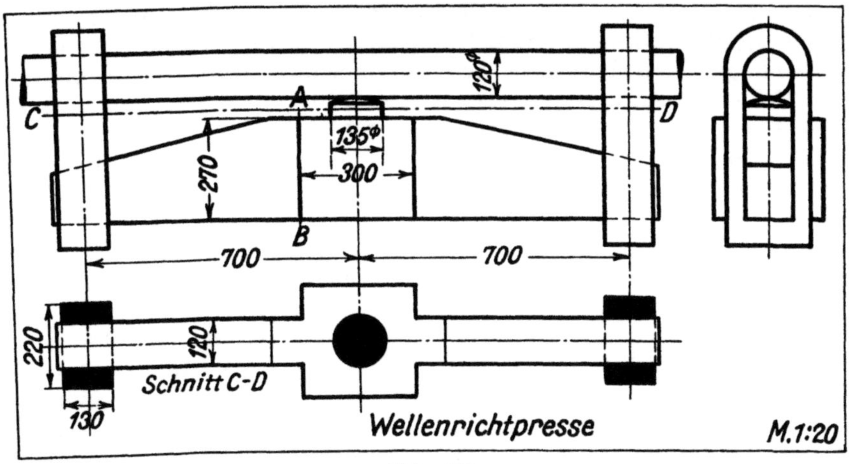

Abb. 213.

Aufg. 52. Wieviel betrügen in Abb. 213 die Spannungen, wenn die beiden Klammern so verschoben würden, daß jede Klammermitte von Kolbenmitte einen Abstand besäße von 450 mm statt 700 mm?

Ergebnis:

$\sigma'_{A-B} = 395\ \text{kg/cm}^2 \qquad \sigma'_{C-D} = 148\ \text{kg/cm}^2 \qquad p = 268\ \text{kg/cm}^2.$

Vergleiche diese Ergebnisse mit denen in Aufg. 51.

Aufg. 53. Berechne für Abb. 214 den Federhub. $E = 2180000\ \text{kg/cm}^2$.

Ergebnis: $f = 8{,}17$ mm.

Aufg. 54. Wieviel betrüge in Abb. 214 der Federhub, wenn alle Maße und die Last verdoppelt würden?

Ergebnis: Der Federhub bliebe derselbe wie vorher.

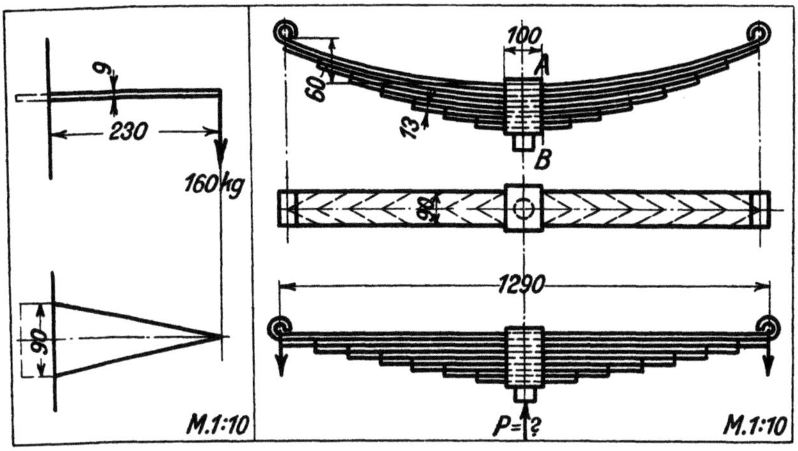

214 215 216

Abb. 214—216.

Aufg. 55. Das Blattfederwerk in Abb. 215 bildet nur angenähert einen „Träger gleicher Biegespannung“ wegen der Augen an den Enden der obersten Lage. Das soll unberücksichtigt bleiben. Berechne die Tragfähigkeit dieses Federwerkes, wenn es wie in Abb. 216 gerade gebogen und $E = 2\,120\,000$ kg/cm² ist. Die Streckgrenze des gehärteten Mangansiliziumstahles beträgt 8600 kg/cm². Wie groß ist der Sicherheitsgrad gegen überelastische Beanspruchung?

Ergebnis: $P = 3190$ kg $\nu = 1{,}84$.

Federwerke für die Deutsche Reichsbahn werden geprüft, indem man sie 60 mal in 1 Minute gerade biegt wie in Abb. 216. Sie dürfen sich dadurch nicht „setzen“.

217
218
219

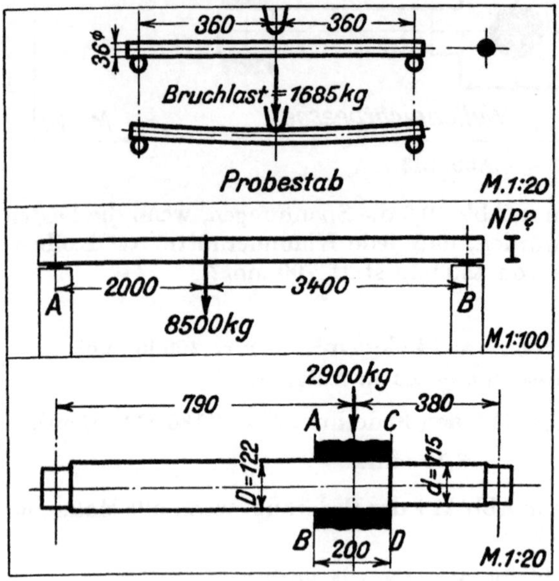

Abb. 217—219.

Aufg. 56. Ein 1 mm dicker Stahldraht besitzt ein Elastizitätsmaß von 2 100 000 kg/cm² und eine Streckgrenze von 7000 kg/cm². Er soll um eine Walze geschlungen werden, deren Durchmesser D so groß ist, daß der Draht noch elastisch bleibt. Berechne max D.

Ergebnis:

max $D = 299$ mm.

Aufg. 57. Der Probestab in Abb. 217 besteht aus perlitischem Gußeisen. Er wurde gedreht aus einer Stange mit 42 mm Durchmesser. Berechne die Biegefestigkeit σ'_B.

Ergebnis: $\sigma'_B = 6\,600$ kg/cm².

Der Stab bog sich bis zum Bruch um 18 mm durch!

Aufg. 58. Der Brückenträger in Abb. 218 besitzt eine Streckgrenze von 2760 kg/cm². Er soll mit 2facher Sicherheit gegen bleibende Verformung angestrengt werden. Welches Profil ist erforderlich?

Ergebnis: Doppelt-T-Eisen NP 32

Aufg. 59. Berechne für Abb. 218 die Stützkräfte A und B.

Ergebnis: $A = 5350$ kg $B = 3150$ kg.

Aufg. 60. Die Achse in Abb. 219 trägt die Seilscheibe eines Fahrstuhles und läuft in Wälzlagern. Berechne die Biegespannung in den Querschnitten $A-B$ und $C-D$.

Ergebnis: $\sigma'_{A-B} = 358$ kg/cm² $\sigma'_{C-D} = 360$ kg/cm².

D und d wurden absichtlich so gegeneinander abgestimmt, daß $\sigma'_{A-B} \approx \sigma'_{C-D}$.

Aufg. 61. In Abb. 219 vertausche D mit d. Zeichne die geänderte Achse maßstäblich auf und berechne die Biegespannung in $A-B$ und $C-D$.

Ergebnis: $\sigma'_{A-B} = 427$ kg/cm² $\sigma'_{C-D} = 302$ kg/cm².

Vergleiche diese Beträge mit denen in Aufg. 60!

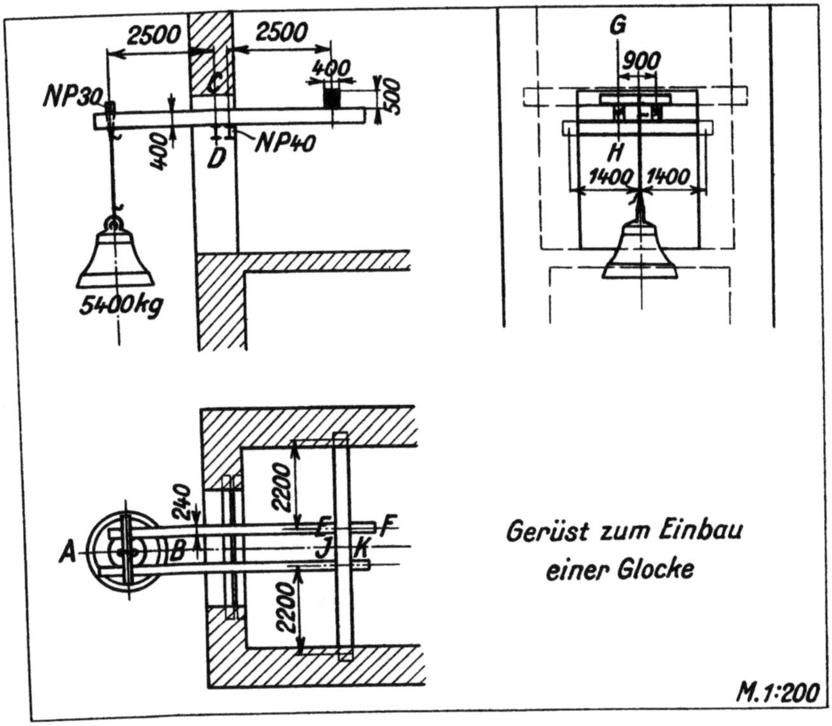

Abb. 220.

Aufg. 62. Die Sprossen einer Leiter bestehen aus 17 mm dickem Rundeisen. Sie sind je 400 mm lang. In der Mitte einer Sprosse steht auf einem Fuße ein 90 kg schwerer Mann. Berechne die Biegungsspannung und Durchbiegung der Sprosse. $E = 2\,100\,000$ kg/cm².

Ergebnis: $\sigma' = 1840$ kg/cm² $f = 1{,}37$ mm.

Aufg. 63. Die Glocke in Abb. 220 soll in der Mitte $J-K$ des Balkens 400×500 aufgehängt werden. Die beiden Doppelt T-Eisen NP 40 sind nur notdürftig in das Mauerwerk eingelassen. Sie werden nach dem Einbau der Glocke wieder beseitigt. Der Flaschenzug ist in der Zeichnung fortgelassen. Berechne die Biegespannung in den Querschnitten $A-B$, $C-D$, $E-F$, $G-H$ und im Querschnitt $J-K$, wenn dort die Glocke endgültig hängt. Zeichne alle Träger im Maßstabe 1 : 50 auf und trage darüber den Verlauf der Biegespannung ein (1 mm = 2 kg/cm²).

Ergebnis: Im I NP 30: $\sigma'_{A-B} = 101{,}5$ kg/cm².

„ Balken 240 × 400: $\sigma'_{C-D} = 105{,}5$ kg/cm².

Im Balken 400 × 500: $\sigma'_{E-F} =$ 35,6 kg/cm².

„ I NP 40: $\sigma_{G-H} =$ 175 kg/cm².

„ Balken 400 × 500: $\sigma'_{J-K} =$ 42,9 kg/cm².

Die im Jahre 1923 für den Kölner Dom gegossene „*Deutsche Glocke am Rhein*" wiegt 25000 kg.

Aufg. 64. Die nutzbare Länge der stählernen Schneckenfeder in Abb. 221 mißt 760 mm. Ermittle den Verdrehungswinkel β. Es ist $E = 2\,100\,000$ kg/cm².

Ergebnis: $\beta = 158^0$.

Zeichne β in Abb. 221 ein.

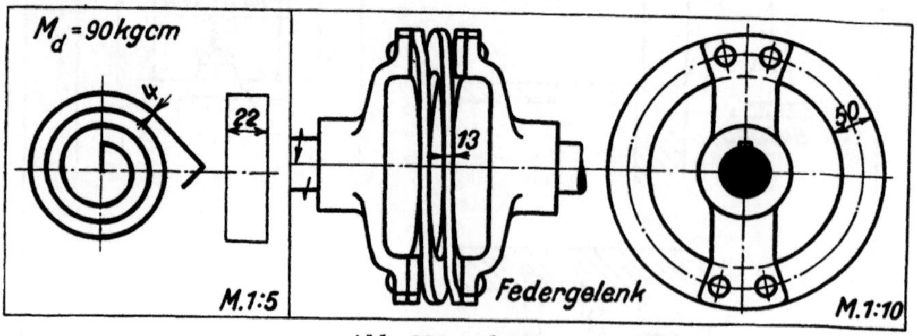

Abb. 221 und 222.

Aufg. 65. Wieviel betrüge für Abb. 221 der Verdrehungswinkel β, wenn die Dicke der Feder von 4 mm auf 8 mm erhöht würde?

Ergebnis: β wäre ein Viertel so groß wie vorher.

Aufg. 66. Abb. 222 zeigt eine bewegliche Kuppelung im ungespannten Zustand. Sie enthält *zwei* Schraubenfedern. Die nutzbare Länge *einer* Feder mißt in der Nullschicht 800 mm. Die Biegespannung der Schraubenfeder soll 3500 kg/cm² betragen. Berechne das größtmögliche Drehmoment und den zugehörigen Verdrehungswinkel β, falls $E = 2\,140\,000$ kg/cm².

Ergebnis: max $M_d = 38\,000$ kgcm $\beta = 3\frac{1}{4}^0$.

Trage β in Abb. 222 ein.

Die Feder wird aus einer rotwarmen Stange mit *trapez*förmigem Querschnitt so gebogen, daß dieser sich in ein Rechteck verwandelt.

Aufg. 67. Man denke sich an Stelle der zweigängigen Schraubenfeder in Abb. 222 eine eingängige, deren nutzbare Länge 1600 mm, Breite 50 mm, Dicke 13 mm und Biegespannung 1750 kg/cm² betrügen. Wie groß wären *dann* M_d und β?

Ergebnis: M_d wäre ein Viertel und β ebenso groß wie vorher.

66. Drehung.

Aufg. 68. Das Federgelenk in Abb. 222 soll ein Drehmoment von 38000 kgcm weiterleiten. Die Drehspannung der Welle darf 700 kg/cm² betragen. Berechne ihren Durchmesser.

Ergebnis: $d = 64{,}8$ mm.

Aufg. 69. Der Keil in Abb. 223 wurde durch das Rad abgeschert. In diesem Augenblick herrschte im Querschnitt $A—B$ eine bestimmte Drehspannung. Berechne sie. Die Bruchfläche des Keiles ist gewölbt. Dies werde vernachlässigt. Seine Schubfestigkeit τ_B beträgt 3000 kg/cm². Setze $M_d = P \cdot \frac{d}{2}$

Ergebnis: $\tau'_{A-B} = 1217$ kg/cm².

Die Bruchstücke des Keiles verschoben sich nur etwas gegenseitig und verschweißten währenddessen fest miteinander.

Aufg. 70. Berechne den Federhub in Abb. 224 für Stahl mit

$G = 850\,000$ kg/cm²

und Messing mit

$G = 400\,000$ kg/cm².

Ergebnis: Für Stahl

$f = 48$ mm,

für Messing

$f = 102$ mm.

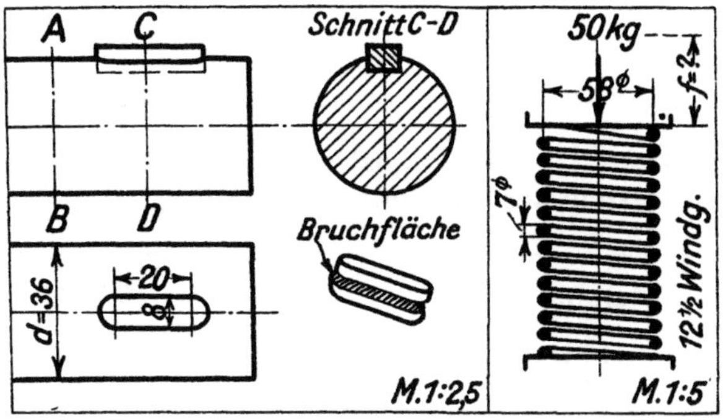

Abb. 223 und 224.

Bevor $f = 102$ mm wird, berühren sich die Windungen. Die Feder muß also aus Stahl sein!

Aufg. 71. Wieviel betrügen in Abb. 224 die Drehspannung und der Federhub, wenn der mittlere Windungsdurchmesser, der Drahtdurchmesser, die Windungszahl und die Belastung verdoppelt würden?

Ergebnis: Die Drehspannung betrüge die Hälfte, der Federhub das Doppelte wie vorher.

Aufg. 72. Die Welle in Abb. 109 soll ein Drehmoment übertragen von 14000 kgcm. Berechne ihre Drehspannung.

Ergebnis: $\tau' = 40{,}6$ kg/cm².

Aufg. 73. Ein 100 mm dickes Rundeisen soll eine Drehspannung von 1000 kg/cm² erleiden. Wie groß darf das Drehmoment höchstens sein?

Ergebnis: $\max M_d = 200\,000$ kgcm.

Aufg. 74. Berechne die Drehspannung der Zahnradwelle in Abb. 211.

Ergebnis: $\tau' = 2410$ kg/cm².

Aufg. 75. Die Schraubenfeder für die Einlaßventile einer Gichtgasmaschine (4000 PS) besitzt eine ungespannte Höhe von 630 mm, einen Dittleren Windungsdurchmesser von 290 mm und 8 nutzbare Windungen. mer Durchmesser des Rundstahles beträgt 34 mm, sein Gleitmaß 860000 kg/cm². Der Ventilteller (größter Durchmesser = 580 mm) macht einen

Hub von 150 mm. Die Vorspannung der Feder ist entstanden durch einen Hub von 70 mm. Der gesamte Federhub beträgt also 220 mm.

Zeichne die Feder im entspannten und gespannten Zustand in natürlicher Größe auf. Berechne die Belastung der Feder für $f = 220$ mm.

Ergebnis: $P = 1647$ kg.

67. Zusammengesetzte Festigkeit.

Aufg. 76. Berechne für Abb. 225 die größte Beanspruchung im Querschnitt $A—B$.

Ergebnis: $\max \sigma_{A-B} = 925$ kg/cm².

Aufg. 77. Die Zahnstange in Abb. 226 ist dieselbe wie in Abb. 211. Sie besteht aus Stahl mit $\sigma_{-S} = 3200$ kg/cm². Berechne den kleinsten Sicherheitsgrad gegen Fließen im Querschnitt $A—B$.

Ergebnis: $\nu_{A-B} = 5{,}8$.

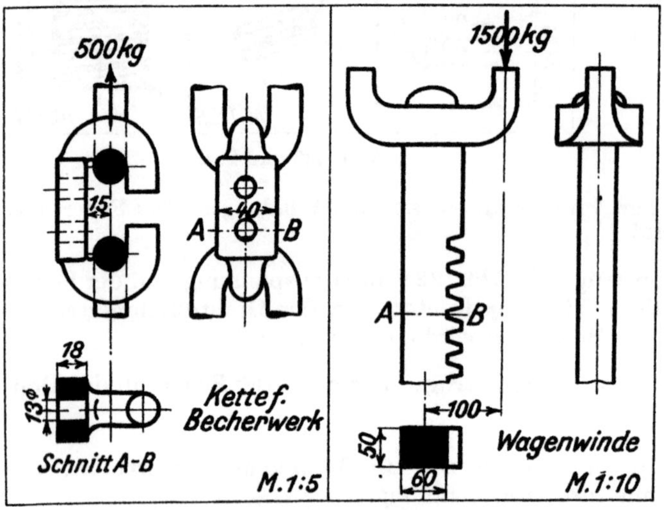

Abb. 225 und 226.

Aufg. 78. Wieviel betrüge in Abb. 225 u. 226 $\max \sigma_{A-B}$, wenn alle Maße und die Last verdoppelt würden?

Ergebnis: $\max \sigma_{A-B}$ wäre halb so groß wie vorher.

Aufg. 79. In ein und demselben Punkte einer Welle herrscht eine Biegespannung von $\sigma' = 200$ kg/cm² und gleichzeitig eine Drehspannung von $\tau' = 400$ kg/cm². Ermittle die reduzierte Normalspannung.

Ergebnis: $\sigma_{red} = 824{,}6$ kg/cm².

Aufg. 80. Berechne die reduzierte Normalspannung, wenn $\sigma' = 400$ kg/cm² und $\tau' = 200$ kg/cm² (umgekehrt wie in Abb. 79).

Ergebnis: $\sigma_{red} = 565{,}7$ kg/cm².

Aufg. 81. Weshalb sind die Ergebnisse der Aufgaben 79 und 80 so verschieden?

Antwort: Die Streckgefahr hängt am meisten von der Schubspannung ab.

Aufg. 82. Das Gewicht in Abb. 123 hängt an einem 1 mm dicken Stahldraht. Seine Streckgrenze beträgt 12000 kg/cm², sein Elastizitätsmaß 2100000 kg/cm². Wird der Draht im gebogenen Teil überzogen, also über die Streckgrenze beansprucht?

Ergebnis: $\max \sigma = \sigma' + \sigma = 5980\ \mathrm{kg/cm^2} + 2550\ \mathrm{kg/cm^2} = 8530\ \mathrm{kg/cm^2}$.

Also $\max \sigma < \sigma_S$. Der Draht wird nicht überanstrengt. Er wird von selbst wieder gerade.

Ähnliche Rechnungen sind nötig für Kranseile, da diese Biegespannungen erleiden, wenn sie über Trommeln und Rollen laufen.

68. Gekrümmte Träger.

Aufg. 83. Berechne für Abb. 227 die Biegespannung an der gefährdeten Stelle.

Ergebnis: $\sigma'' = 1300\ \mathrm{kg/cm^2}$.

Aufg. 84. Wie groß ist in Abb. 228 die Biegespannung des Bügels und die Zugspannung der Schrauben?

Ergebnis: $\sigma'' = 917\ \mathrm{kg/cm^2}$ $\sigma = 865\ \mathrm{kg/cm^2}$.

Aufg. 85. Wieviel betrügen in Abb. 228 σ'' und σ, wenn alle Maße und die Last auf die Hälfte verringert würden?

Ergebnis: Die Spannungen wären doppelt so groß wie vorher.

Aufg. 86. Berechne für Abb. 229 die Spannungen in den Querschnitten $A-B$ und $C-D$.

Ergebnis: $\sigma_{A-B} = 75{,}2\ \mathrm{kg/cm^2}$ $\max \sigma_{C-D} = 570\ \mathrm{kg/cm^2}$.

227 229

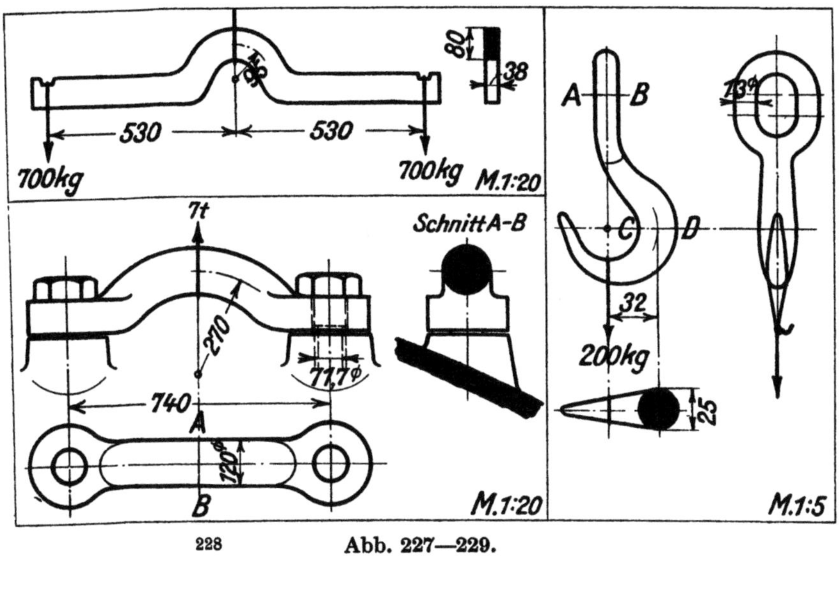

228 Abb. 227—229.

Aufg. 87. Berechne für Abb. 230 die zusammengesetzte Spannung in den Querschnitten $A—B$ und $C—D$, sowie die reine Biegespannung im Querschnitt $E—F$ der Radachse.

Ergebnis: $\max \sigma_{A-B} = 679{,}6\ \text{kg/cm}^2$ $\max \sigma_{C-D} = 395{,}8\ \text{kg/cm}^2$
$\sigma'_{E-F} = 472\ \text{kg/cm}^2$.

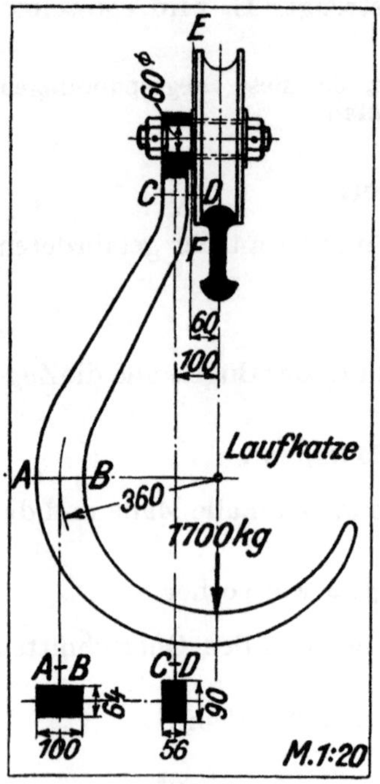

Abb. 230.

Aufg. 88. Berechne für Abb. 201 die Biegespannung im Querschnitt $G—H$.

Ergebnis: $\sigma''_{G-H} = 1995\ \text{kg/cm}^2$.

Aufg. 89. Die größte auf der Werkstoffschau in Berlin 1927 ausgestellte Schraubenfeder besaß eine ungespannte Höhe von 980 mm, einen mittleren Windungsdurchmesser von 250 mm und 8 nutzbare Windungen. Der Durchmesser des Rundstahles betrug 48 mm, sein Gleitmaß 840000 kg/cm².

Zeichne die Feder im entspannten Zustand in natürlicher Größe auf. Berechne *die* Last und *die* Drehspannung, die einen Federhub von $f = 1$ cm erzeugen. Die Krümmung des Rundstahles ist zu berücksichtigen, wie auf S. 91 erläutert.

Ergebnis: $P = 380$ kg $\tau'' = 305\ \text{kg/cm}^2$.

Die Feder in Aufg. 75 läßt sich schon durch 75 kg um 1 cm zusammendrücken, wenn man die Stabkrümmung vernachlässigt.

Aufg. 90. Auf der Werkstoffschau sah man ferner eine Kesseltrommel, deren innerer Durchmesser 1140 mm und deren Wanddicke 90 mm betrugen. Während des Probedruckes soll der Werkstoff mit 1850 kg/cm² angestrengt werden. Berechne p. Der Einfluß der im Verhältnis zum Durchmesser großen Wanddicke ist angenähert zu berücksichtigen.

Ergebnis: $p = 270\ \text{kg/cm}^2$.

Der Betriebsdruck beträgt $\frac{1}{3}$ des Probedruckes.

69. Trägheitsmomente.

Aufg. 91. Betrachte Abb. 231. Dieser besonders lange und hohe Träger war über dem Eingang zur Werkstoffschau in Berlin 1927 ausgestellt. Seinen Querschnitt zeigt Abb. 232 in größerem Maßstabe. Der Flansch ist überall gleich dick. Abrundun-

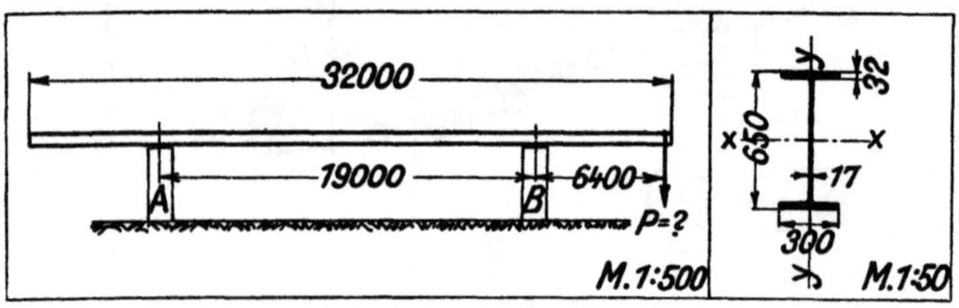

Abb. 231 und 232.

gen befinden sich nur in den einspringenden Ecken zwischen Flansch und Steg. Diese Hohlkehlen sollen in unserer Rechnung vernachlässigt werden. Der Träger besteht aus Baustahl St 48 mit $\sigma_S = 3100$ kg/cm². Zeichne seinen Querschnitt in natürlicher Größe auf.

233 234 235

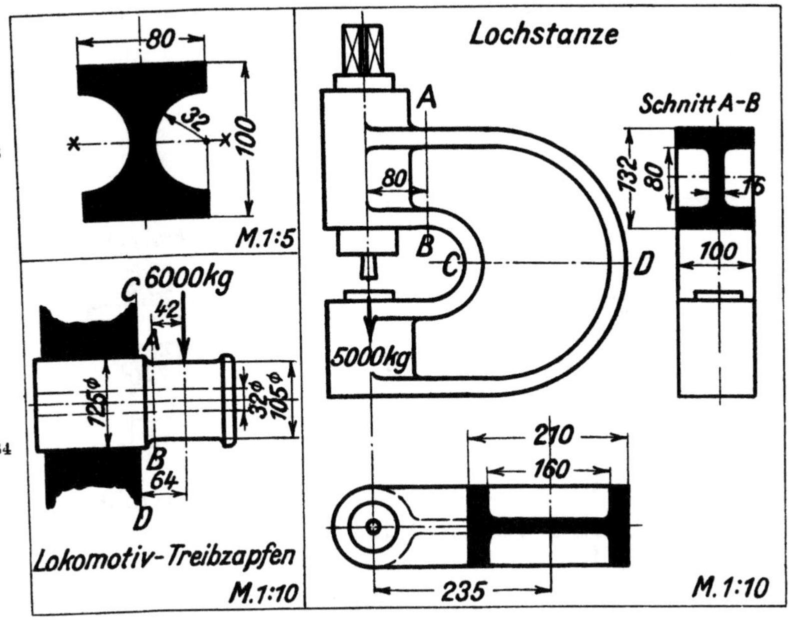

Abb. 233—235.

Berechne *die* Last P, die den Werkstoff bis zur Streckgrenze anstrengt, und trage in Abb. 231 den Verlauf der Biegespannung ein (1 mm = 300 kg/cm²). Ferner berechne die Stützkräfte A und B.

Ergebnis: $P = 31{,}7$ t $\quad A = 10{,}7$ t $\quad B = 42{,}4$ t.

Die größten, aus einem Stück gewalzten Doppelt ⊤-Träger sind 1000 mm hoch und 300 mm breit.

Aufg. 92. Abb. 233 zeigt den Querschnitt durch die Vorderachse eines Lastkraftwagens. Berechne W_x.

Ergebnis: $W_x = 116{,}5$ cm³.

Aufg. 93. Berechne für Abb. 234 die Biegespannung in den Querschnitten A—B und C—D. Wie groß ist im gefährdetsten Querschnitt der Sicherheitsgrad gegen überelastische Beanspruchung, wenn $\sigma_S = 3900$ kg/cm²?

Ergebnis:

$\sigma'_{A-B} = 221$ kg/cm² $\quad \sigma'_{C-D} = 197$ kg/cm² $\quad \nu_{A-B} = 17{,}6$.

Aufg. 94. Berechne für Abb. 235 die Biegespannung im Querschnitt A—B, sowie die zusammengesetzte Spannung im Querschnitt C—D. Die Krümmung des Bügels erhöhe die Biegespannung in der inneren Randschicht des Querschnittes $C—D$ schätzungsweise auf das 1,5fache.

Ergebnis: $\sigma'_{A-B} = 170$ kg/cm² $\max \sigma_{C-D} = 448$ kg/cm².

Besteht der Bügel aus Gußeisen, so sind die Biegespannungen in der gezogenen Randschicht in Wirklichkeit etwas geringer, als errechnet wurde.

Aufg. 95. Wie groß ist in Abb. 236 die Biegespannung im Querschnitt $A—B$?

Ergebnis: $\sigma'_{A-B} = 178$ kg/cm².

236

237

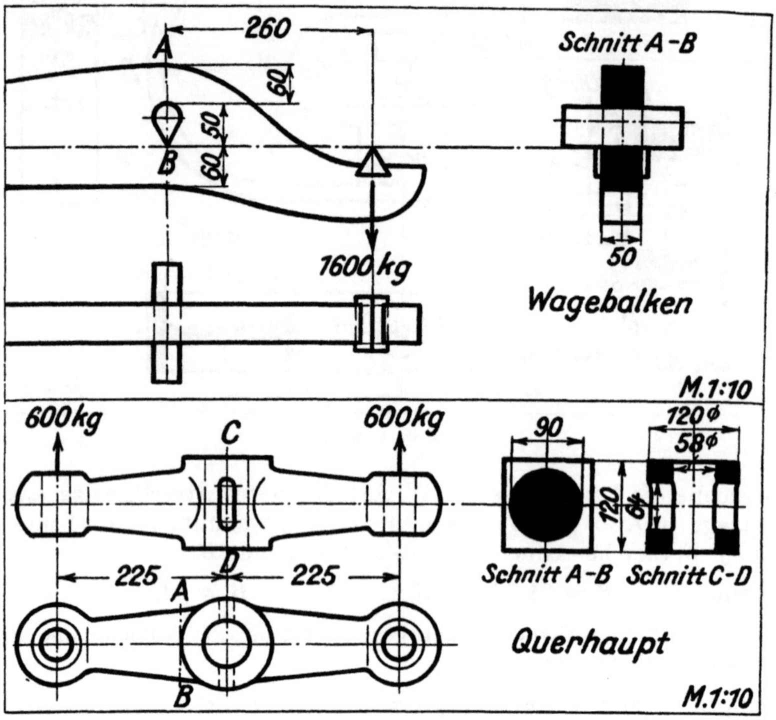

Abb. 236 und 237.

Aufg. 96. Berechne für Abb. 237 die Biegespannung in den Querschnitten $A—B$ und $C—D$.

Ergebnis: $\sigma'_{A-B} = 138{,}5$ kg/cm² $\sigma'_{C-D} = 107$ kg/cm².

Aufg. 97. Eine Hohlwelle soll einen äußeren Durchmesser von 240 mm und ein Drehwiderstandsmoment von $W_d = 2527$ cm³ erhalten. Berechne den inneren Durchmesser d_i.

Ergebnis: $d_i = 130$ mm.

70. Knickung.

Aufg. 98. Eine Kolbenstange wird durch 8500 kg auf Knickung beansprucht. Die Knicklänge l beträgt 920 mm, der Stangendurchmesser 42 mm. Der Werkstoff besitzt eine Quetschgrenze von 3120 kg/cm². Berechne den Sicherheitsgrad gegen Knicken und Quetschen.

Ergebnis: Gegen Knicken ist $\nu = 4,1$, gegen Quetschen $\nu = 5,1$.

Aufg. 99. Abb. 238 zeigt die Schubstange eines Dieselmotors. Der Kolben besitzt einen Durchmesser von 180 mm. Im Totpunkt herrscht eine Luftspannung von 40 kg/cm². Die Quetschgrenze des Werkstoffes beträgt 2400 kg/cm². Berechne den Sicherheitsgrad der Schubstange gegen Knicken und Quetschen.

Ergebnis: Es besteht keinerlei Knickgefahr, denn $\lambda = 28,8 < 60$. Gegen Quetschen ist $\nu = 5,5$.

Aufg. 100. Berechne den Schlankheitsgrad des Trägers in Abb. 231 und zum Vergleich hiermit den „Schlankheitsgrad" eines Würfels.

Ergebnis: Für den Träger ist $\lambda = 454$. Für den Würfel ergibt sich $\lambda = 3,46$.

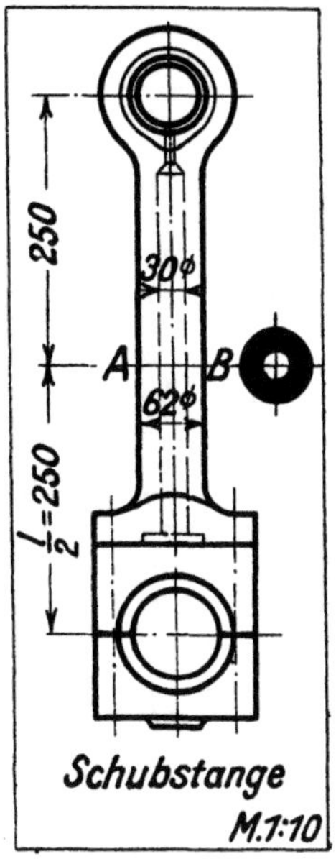

Abb. 238.

XV. Tafeln für Formeisen.

U-Eisen.

Profil Nr.	h (cm)	b (cm)	F (cm²)	W_x (cm³)	J_x (cm⁴)	J_y (cm⁴)	e (cm)
3	3	3,3	5,44	4,26	6,39	5,33	1,31
4	4	3,5	6,21	7,05	14,1	6,68	1,33
5	5	3,8	7,12	10,6	26,4	9,12	1,37
6½	6,5	4,2	9,03	17,7	57,5	14,1	1,42
8	8	4,5	11,0	26,5	106	19,4	1,45
10	10	5,0	13,5	41,2	206	29,3	1,55
12	12	5,5	17,0	60,7	364	43,2	1,60
14	14	6,0	20,4	86,4	605	62,7	1,75
16	16	6,5	24,0	116	925	85,3	1,84
18	18	7,0	28,0	150	1354	114	1,92
20	20	7,5	32,2	191	1911	148	2,01
22	22	8,0	37,4	245	2690	197	2,14
24	24	8,5	42,3	300	3598	248	2,23
26	26	9,0	48,3	371	4823	317	2,36
28	28	9,5	53,3	448	6276	399	2,53
30	30	10,0	58,8	535	8026	495	2,70

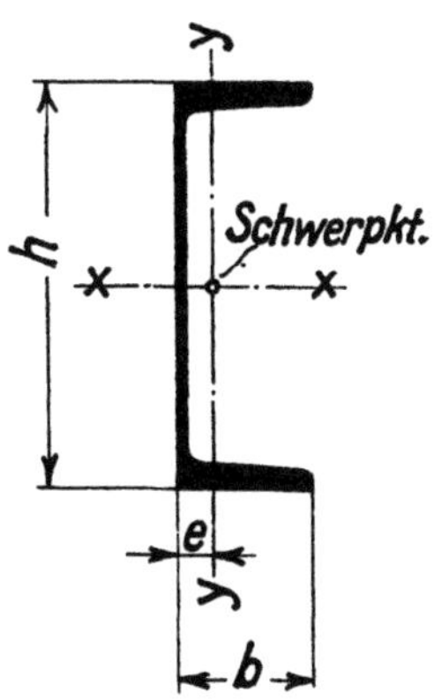

Doppelt T-Eisen.

Profil Nr.	h (cm)	b (cm)	F (cm²)	W_x (cm³)	W_y (cm³)	J_x (cm⁴)	J_y (cm⁴)
8	8	4,2	7,58	19,5	3,00	77,8	6,29
9	9	4,6	9,00	26,0	3,82	117	8,78
10	10	5,0	10,6	34,2	4,88	171	12,2
11	11	5,4	12,3	43,5	6,00	239	16,2
12	12	5,8	14,2	54,7	7,41	328	21,5
13	13	6,2	16,1	67,1	8,87	436	27,5
14	14	6,6	18,3	81,9	10,7	573	35,2
15	15	7,0	20,4	98,0	12,5	735	43,9
16	16	7,4	22,8	117	14,8	935	54,7
17	17	7,8	25,2	137	17,1	1166	66,6
18	18	8,2	27,9	161	19,8	1446	81,3
19	19	8,6	30,6	186	22,7	1763	97,4
20	20	9,0	33,5	214	26,0	2142	117
21	21	9,4	36,4	244	29,4	2563	138
22	22	9,8	39,6	278	33,1	3060	162
23	23	10,2	42,7	314	37,1	3607	189
24	24	10,6	46,1	354	41,7	4246	221
25	25	11,0	49,7	397	46,5	4966	256
26	26	11,3	53,4	442	51,0	5744	288
27	27	11,6	57,2	491	56,2	6626	326
28	28	11,9	61,1	542	61,2	7587	364
29	29	12,2	64,9	596	66,6	8636	406
30	30	12,5	69,1	653	72,2	9800	451
32	32	13,1	77,8	782	84,7	12510	555
34	34	13,7	86,8	923	98,4	15695	674
36	36	14,3	97,1	1089	114	19605	818
38	38	14,9	107	1264	131	24012	975
40	40	15,5	118	1461	149	29213	1158
42½	42,5	16,3	132	1740	176	36973	1437
45	45	17,0	147	2037	203	45852	1725
47½	47,5	17,8	163	2378	235	56481	2088
50	50	18,5	180	2750	268	68738	2478
55	55	20,0	213	3607	349	99184	3488

F = Querschnitt.

W_x = Widerstandsmoment, wenn x—x Nullschicht.

J_y = Trägheitsmoment, wenn y—y Nullschicht.

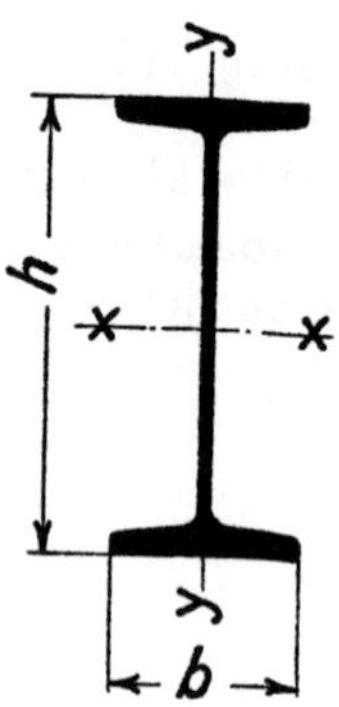

XVI. Griechisches Alphabet.

α = Alpha	η = Eta	ν = Nü	τ = Tau
β = Beta	ϑ = Theta	ξ = Xi	υ = Ypsilon
γ = Gamma	ι = Jota	o = Omikron	φ = Phi
δ = Delta	$\varkappa$ = Kappa	π = Pi	χ = Chi
ε = Epsilon	λ = Lambda	ϱ = Rho	ψ = Psi
ζ = Zeta	μ = Mü	σ = Sigma	ω = Omega

XVII. Formelzeichen.

Die eingeklammerten Zeichen sind veraltet und entsprechen nicht den Dinormen.

($\mathfrak{S}$) ν	Sicherheitsgrad		(M_b)	M	Biegemoment	kgcm
i	Windungszahl			M_d	Drehmoment	,,
n_s	Schwingungszahl in 1 Sekunde			p	Flüssigkeitspannung	kg/cm²
λ	Schlankheitsgrad		(k_z)	σ	Zugspannung	,,
ω	Verdrehungsbogen		(k)	σ_d	Druckspannung	,,
s	Blechdicke	cm	(k_l)	σ_l	Leibungsdruck	,,
l	Hebelarm, Spannweite, Knicklänge	,,	(k_b)	σ'	Biegespannung	,,
ϱ	Krümmungshalbmesser	,,		σ_{red}	Reduzierte Spannung	,,
f	Federhub, Durchbiegung	,,		σ_S	Streckgrenze	,,
F	Querschnitt	cm²		σ_{-S}	Quetschgrenze	,,
W	Widerstandsmoment für Biegung	cm³	(K_z)	σ	Zugfestigkeit	,,
W_d	Widerstandsmoment für Drehung	,,	(K)	σ_{-B}	Druckfestigkeit	,,
J	Trägheitsmoment	cm⁴		σ_K	Knickspannung	,,
P	Last	kg		E	Elastizitätsmaß	,,
			(k_s)	τ	Schubspannung	,,
			(k_d)	τ'	Drehspannung	,,
			(K_s)	τ_B	Schubfestigkeit	,,
				G	Gleitmaß	,,

XVIII. Formelsammlung.

Seite

I. Zug.

1, 23 $\sigma = \frac{P}{F}$

Wenn der Querschnittverlauf unstetig ist, z. B. infolge Kerben, bedeutet σ die *durchschnittliche* Spannung.

2, 8 $\nu = \frac{\sigma_B}{\sigma}$

Wichtiger als der Sicherheitsgrad gegen Zerreißen ist derjenige gegen Strecken (*bleibende* Verformung).

II. Druck.

8 $\sigma_d = \frac{P}{F}$, falls keine Knickgefahr vorliegt.

11 $\sigma_l = \frac{P}{d \cdot s}$

Hat der Bolzen im Loche Spielraum, so ist der Leibungsdruck bedeutend größer als die Formel ergibt.

III. Kessel und Rohre.

Innendruck:

14 $\sigma = p\,\frac{r_i}{s}$

91 $\max \sigma = p\,\frac{r_m}{s}$

Diese Formel berücksichtigt angenähert die Biegespannung *dickwandiger* Rohre.

Außendruck:

15 $\sigma_d = p\,\frac{r_a}{s}$

IV. Schub.

Seite	Formel	
17	$\tau = \frac{P}{F}$	Weil Schub ohne Biegung nicht möglich ist, bedeutet τ die *durchschnittliche* Schubspannung.

VIII. Biegung.

Seite	Formel	
47	$M = P \cdot l$	Das Biegemoment berücksichtigt nicht nur die Last, sondern auch ihren Hebelarm.
62	$M = \frac{P \cdot l}{4}$,	wenn die Last in der *Mitte* eines Brückenträgers hängt.
64	$M = P\frac{a \cdot b}{l}$	für *beliebige* Laststellung zwischen den Stützen.
63	$A = P\frac{b}{l}$	Probe: $P\frac{b}{l} + P\frac{a}{l} = P$
63	$B = P\frac{a}{l}$	
49	$\sigma' = \frac{M}{W}$	Das Widerstandsmoment kann aufgefaßt werden als ein kleines Biegemoment, das in der Randschicht des betrachteten Querschnittes eine Spannung von 1 kg/cm² erzeugt.
50, 53	$W = \frac{b h^2}{6} = F \cdot \frac{h}{6}$	$W = \frac{d^3}{10} = F \cdot \frac{d}{8}$
90	$\sigma'' \simeq \sigma' \frac{r_a}{r_m}$	Stabkrümmungen wirken spannungerhöhend (ähnlich wie Kerben).
56	$\varrho = \frac{E \cdot \frac{h}{2}}{\sigma'}$	Krümmungshalbmesser einer ursprünglich geraden *Null*schicht.
58	$f = \frac{l^2 \cdot \sigma'}{E \cdot h}$	Dreieckige Blattfeder.
59	$f = \frac{2}{3} \cdot \frac{l^2 \cdot \sigma'}{E \cdot h}$	Rechteckige ,,
69	$n_s = \frac{5{,}0}{\sqrt{f}}$	Eigenschwingungszahl.

IX. Drehung.

Seite	Formel	
75	$M_d = P \cdot r$	
75	$W_d = 2W$	für Voll- und Hohlkreise.
75	$W_d = \frac{d^3}{5} = F \cdot \frac{2}{8} d$	nur für Vollkreise.
76	$\tau' = \frac{M_d}{W_d}$	

Seite		
77	$\omega = \frac{L \cdot \tau'}{G \cdot \frac{d}{2}}$	Verdrehungsbogen auf dem Einheitskreis.
78	$f = \frac{r \cdot L \cdot \tau'}{G \cdot \frac{d}{2}}$	für gerade Wellen.
79	$f = \frac{4\pi \cdot i \cdot r^2 \cdot \tau'}{G \cdot d}$	für schraubenförmig gewundene „Wellen", d. h. Schraubenfedern.

X. Zusammengesetzte Festigkeit.

84	$\max \sigma = \sigma' + \sigma$	für Biegung + Zug.
84	$\max \sigma = \sigma' + \sigma_d$	„ „ + Druck.
86	$\tau = \frac{\sigma}{2}$	In der Gleitebene (Schrägschnitt) beträgt die Schubspannung die Hälfte der Normalspannung im Querschnitt.
87	$\sigma_{red} = \sqrt{(2\tau)^2 + \sigma^2}$	Hieraus ergibt sich die für die Fließgefahr maßgebende Normalspannung.

XII. Das Trägheitsmoment.

94	$J = \Sigma f \cdot y^2$	Die Nullschicht deckt sich mit der Schwerlinie des Querschnittes.
94	$W = \frac{J}{\frac{h}{2}}$	Ist $h = 2$ cm und halbiert die Nullschicht die Höhe h, so sind die Zahlenwerte für W und J gleich groß. Das Trägheitsmoment kann aufgefaßt werden als ein Biegemoment, das in der Randschicht des betrachteten Querschnittes eine Spannung von $\frac{h}{2}$ kg/cm² erzeugt.
94	$J = \frac{b \cdot h^3}{12}$	$J = \frac{d^4}{20}$
95	$J = J_{I} \pm J_{II}$	Grundfalsch ist: $W = W_{I} \pm W_{II}$.

XIII. Knickung.

105	$\lambda = \frac{l}{\sqrt{\frac{\min J}{F}}}$	Dieser Ausdruck berücksichtigt vor allem die Eigenart des *Querschnittes.*
106	$\nu = \frac{\sigma_K}{\sigma_d}$	σ_K wird einem Schaubild entnommen.
107	$\sigma_K \cdot \lambda^2 =$ **unveränderlich,** falls $\lambda > 100$ (Euler-Hyperbel).	

XIX. Stichwortverzeichnis

Mathematisch-Physikalische Bibliothek

Unter Mitwirkung von Fachgenossen herausgegeben von

Dr. W. Lietzmann und Dr. A. Witting

GPSR Compliance

The European Union's (EU) General Product Safety Regulation (GPSR) is a set of rules that requires consumer products to be safe and our obligations to ensure this.

If you have any concerns about our products, you can contact us on ProductSafety@springernature.com

In case Publisher is established outside the EU, the EU authorized representative is:

Springer Nature Customer Service Center GmbH
Europaplatz 3
69115 Heidelberg, Germany

Batch number: 10584556

Printed by Printforce, the Netherlands